HISTOIRE

UNIVERSELLE

DU RÈGNE VÉGÉTAL.

HISTOIRE

UNIVERSELLE

DU RÈGNE VÉGÉTAL,

OU

NOUVEAU DICTIONNAIRE

PHYSIQUE ET ÉCONOMIQUE

DE TOUTES LES PLANTES QUI CROISSENT SUR LA SURFACE DU GLOBE:

CONTENANT leurs noms Botaniques & Triviaux dans toutes les Langues, leurs claſſes, leurs Familles, leurs Genres & leurs Éſpèces ; les endroits où on les trouve le plus communément ; leur culture ; les animaux auxquels elles peuvent ſervir de nourriture ; leurs analyſes chymiques ; la manière de les employer pour nos alimens, tant ſolides que liquides ; leurs propriétés, non-ſeulement pour la Médecine des hommes, mais encore pour celle des animaux ; les doſes & la manière de les formuler, & les différens uſages pour leſquels on peut s'en ſervir dans les Arts & Métiers, &c. &c. &c.

ON y a joint une Bibliothèque raiſonnée de tous les livres de Botanique, l'explication des différens termes uſités dans cette partie de l'Hiſtoire Naturelle ; une notice de tous les ſyſtêmes, & enfin la liſte des Profeſſeurs & des Jardins Botaniques de l'Europe.

Ouvrage orné de 1200 Planches gravées en taille-douce par les meilleurs Maîtres, & deſſinées d'après nature.

Par M. BUC'HOZ, *Docteur en Médecine, Médecin Botaniſte de Monſieur, frère du Roi, & Médecin de Quartier Surnuméraire de ſa Maiſon, ancien Médecin de quartier de Monſeigneur le Comte d'Artois, & Médecin ordinaire de feu Sa Majeſté le Roi de Pologne, Aggrégé au Collège Royal & à la Faculté de Médecine de Nancy, Aſſocié des Académies de Mayence, de Châlons, d'Angers, de Dijon, de Béziers, de Caen, de Bordeaux & de Metz, Correſpondant de celles de Rouen & de Toulouſe ; Membre de la Société Royale d'Agriculture de Rouen.*

TOME PREMIER DES PLANCHES.

A PARIS.

Chez BRUNET, Libraire, rue des Écrivains, vis-à-vis le Cloître Saint-Jacques-la-Boucherie.

M. DCC. LXXV.

Avec Approbation & Privilége du Roi.

Inventum medicina meum est, opifer que perorbem
Dicor, et herbarum subjecta potentia nobis.
Ovidius

Pl. II.
Fig.2. Justicia bivalvis linn. Sp.p.28.
Bungum. Rumph. 6. p.65. T.22.
Lacki Lacki, Bungo masle.
Fig.2.
Fig.1. Justicia purpurea linn. Sp. plant. 23.
folium tinctorium Rumph. 6. p.51. T.22.
Feuille des Teinturiers.
Fig.1.

Fig. 1. Phyllanthus niruri linn. Sp. plant. 1892.
Herba mœroris alba. Rumph. 6. p. 41. T. 17.
Sensitive blanche.

Fig. 2. Phyllantus urinaria linn. Sp. plant. 1393.
Herba mœroris rubra. Rumph. 6. p. 41. T. 26.
Sensitive rouge.

Pl. IV.
Polypodium querci folium linn. Sp. plant. 1547.
Polypodium indicum Rumph. 6. p. 78. T. 36.
Polypode des Indes à feuilles de Chêne.

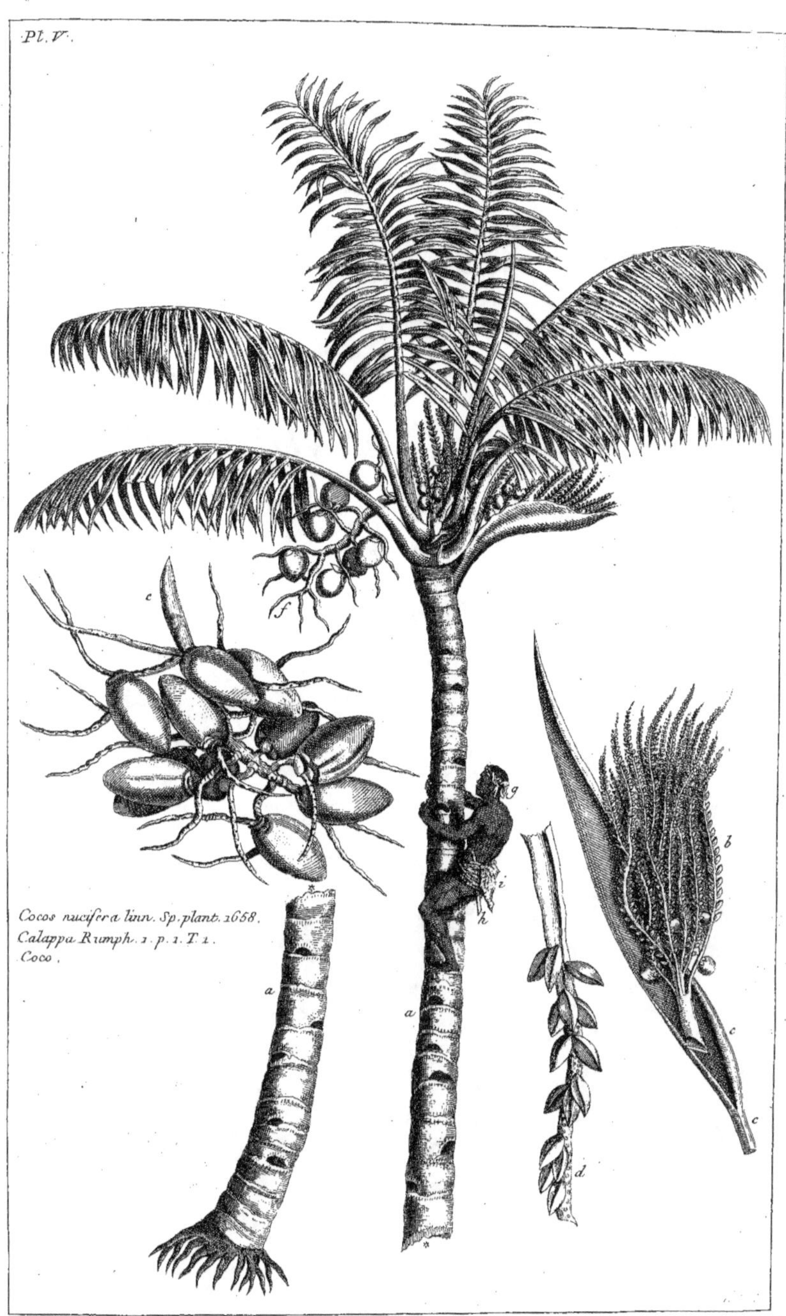
Cocos nucifera linn. Sp. plant. 1658.
Calappa Rumph. 1. p. 1. T. 1.
Coco.

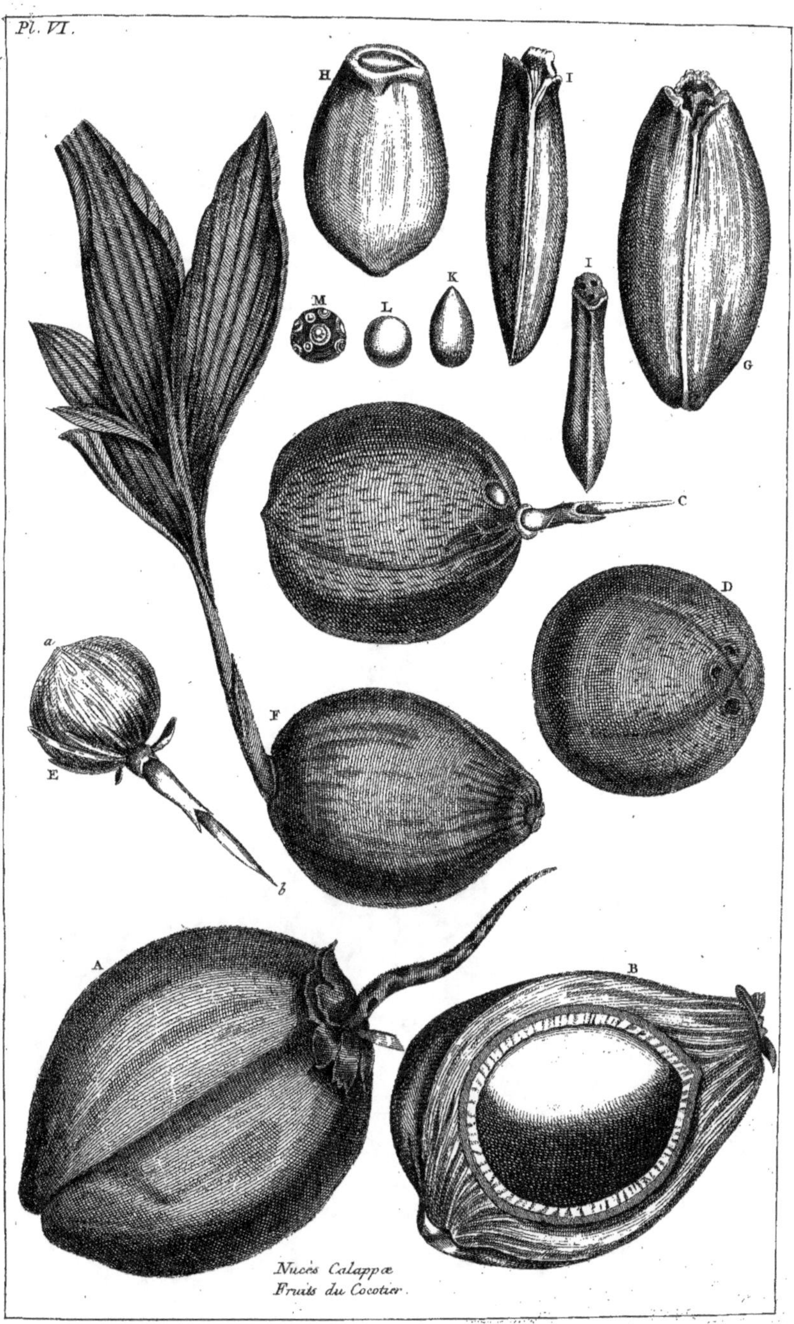

Nucès Calappæ
Fruits du Cocotier.

A
B   B
Hibiscus populeus linn. Sp. plant. 976.
novella littorea. Rumph. 2. p. 224. T. 74.
Alcée de Malabar.

Mirabilis jalappa linn Sp. plant. 252.
Mirabilis Rumph. 6. p. 258. T. 89.
l'Admirable du Perou.

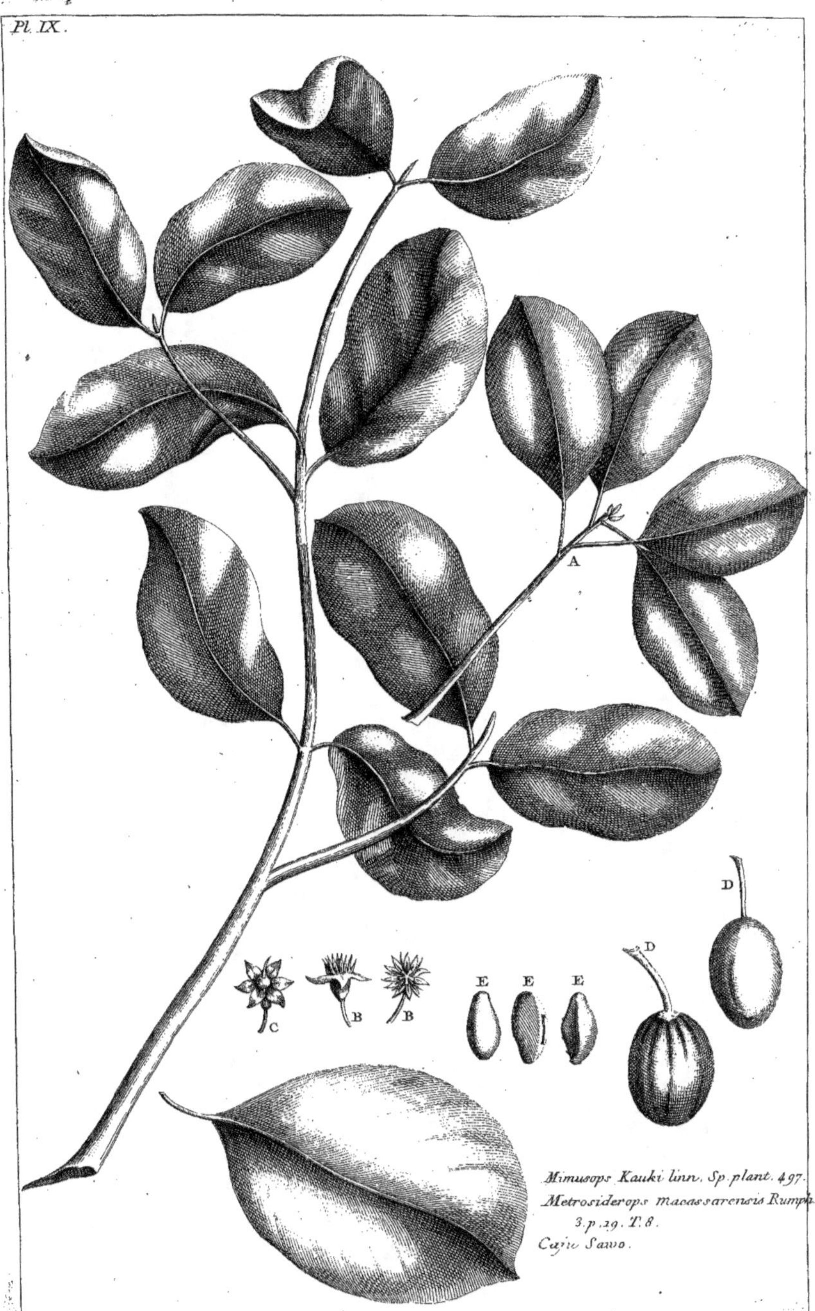

Pl. IX.
A
B
B
C
D
D
E E E
Mimusops Kauki linn. Sp. plant. 497.
Metrosiderops Macassarensis Rumph.
3. p. 29. T. 8.
Caju Sawo.

Pl. X.

Guilandria nuga linn. Sp. plant. 546.
Nugæ Sylvarum Rumph. 5. p. 94. T. 50.
Les amusettes des bois.

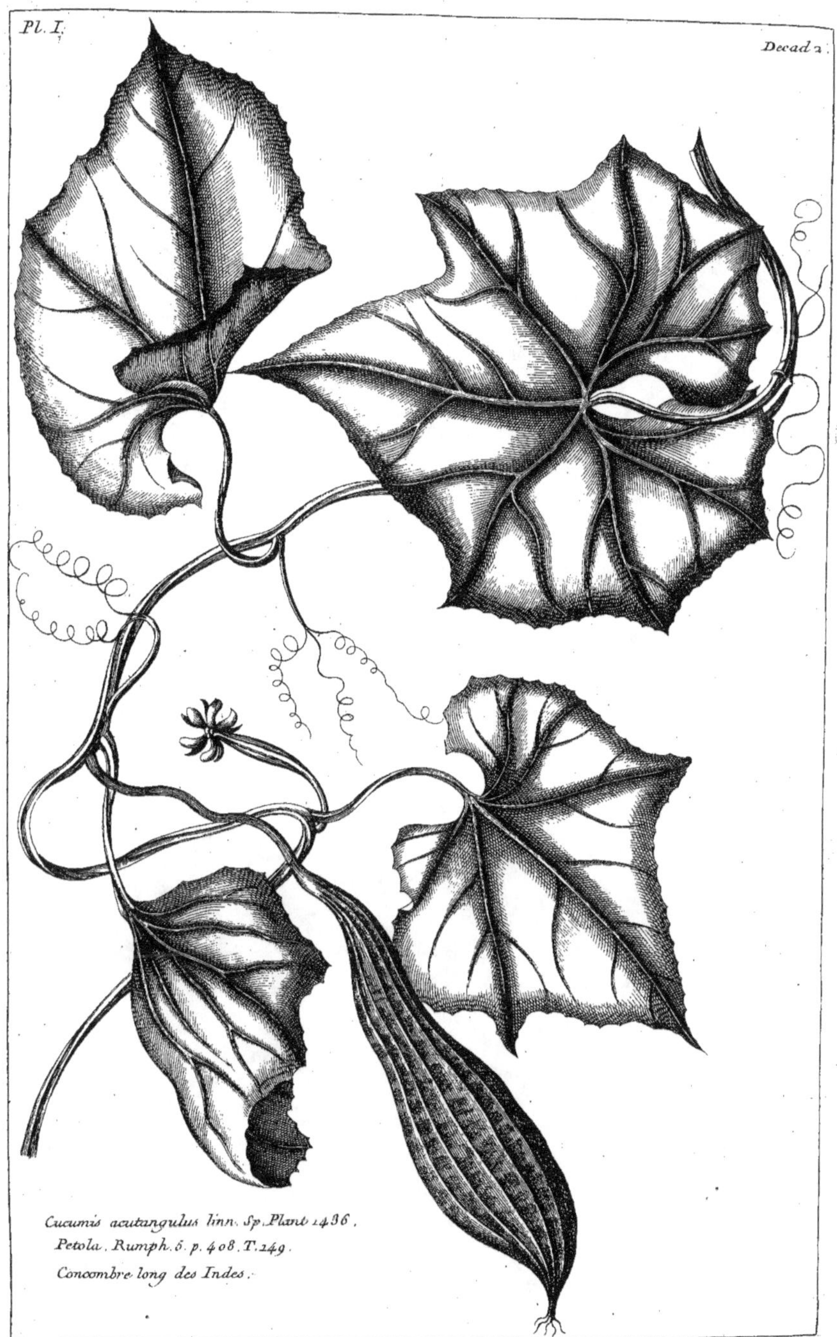

Cucumis acutangulus linn. Sp. Plant 1436.
Petola. Rumph. 5. p. 408. T. 149.
Concombre long des Indes.

Pl. II.
Decad 2.
Adenanthera Pavonina linn
Sp. Plant 550.
Corallaria parvifolia Rumph.
3. p.173. T.109.
Mangelins, Poinciane.
A

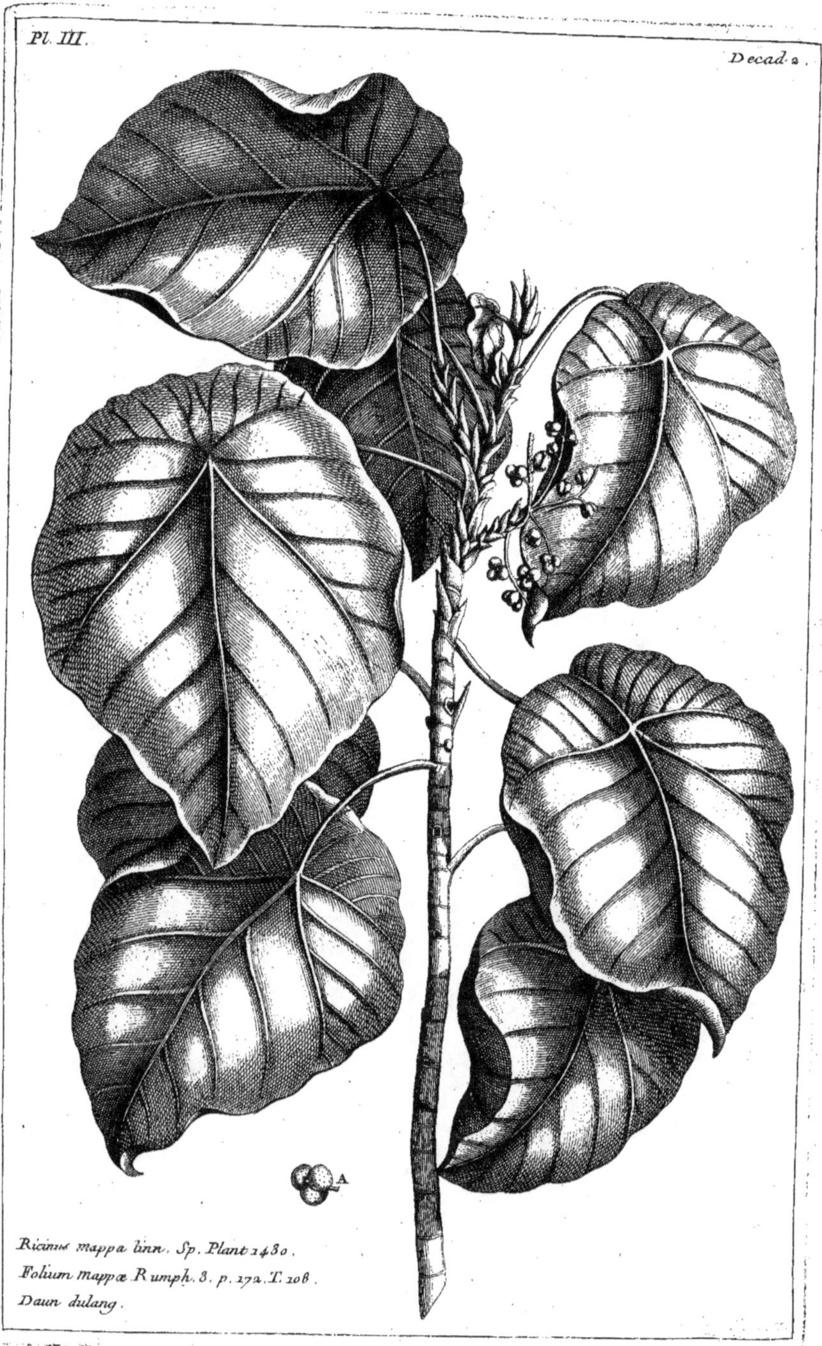

Ricinus mappa linn. Sp. Plant 1430.
Folium mappæ Rumph. 3. p. 172. T. 108.
Daun dulang.

Adenanthera falcataria linn. Sp. Plant. 550.
Clypearia alba Rumph. 3. p. 176. T. 3.
Caju.

Kleinhovia hospita linn. Sp. Plant. 1365.
Catti-marus. Rumph. 3. p. 177. T. 113.
Kinar.

Myrtus leucadendra linn. Sp. Plant 676.
Arbor alba Rumph. 2. p. 72. T. 16.
Caju-puti.

Fig. 2 Arbor alba minor, quæ daun poëti kitsjil
Rumph. Ibid
Arbre blanc.

Fig. 2.

Myrtus leucadendra linn. Sp. Plant 676.
Fig. 1 Arbor alba minor, quæ caju Kilan
Rumph. 2. p. 72. T. 17.

Fig. 1.

Impatiens Balsamina linn. Sp. Plant. 1328.
Lacca herba Rumph. 5. p. 258. T. 90.
Balsamine.

Pl. IX.
Decad. 2.
Epidendrum amabile linn. Sp. Plant. 1361.
Angræcum album majus Rumph. 6. p. 99. T. 43.
Helleborine des Indes.

Sterculia Balanghas linn. Sp. Plant.
1430.
Clompanus minor Rumph. 3. p. 171. T. 207.
F   Clompan-Boerong.
Noix de Malabar.
G
D   E

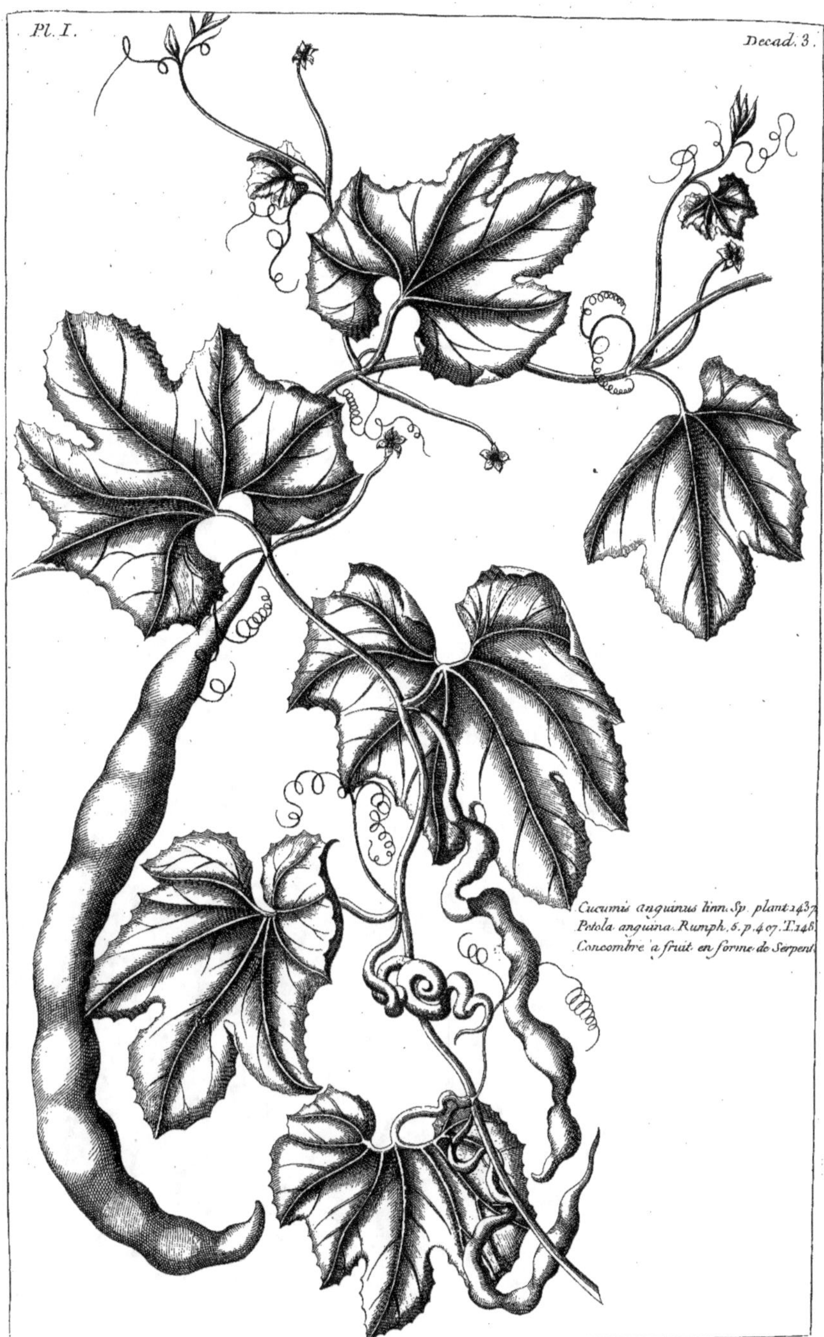
Cucumis anguinus linn. Sp. plant. 1437.
Petola anguina. Rumph. 5. p. 407. T. 148.
Concombre a fruit en forme de Serpent.

Limo Agrestis.
Lemon papeda et Lemon carbou Rumph. a. p.105. T.27.
Carbou, espece de Limon sauvage.

Limo ferus.
Lemo swangi Rumph. 2. p. 106. T. 28.
Sowangi, espece de Limon sauvage.

A

Limonellus.
Limo nipis Rumph. 2. p. 108. T. 29.
Petit Limon.

Limonellus aurarius.
Lemon maas Rumph. a. p. 109. T. 30.
Petit Limon doré.

Limonellus madurensis
Lemon madura Rumph. 2. p.110. T. 31.
Petit Limon de madure'.

Limonellus angulosus.
Lemon utan-basagi Rumph. 2. p. 111. T. 32.
Petit Limon à fruit anguleux.

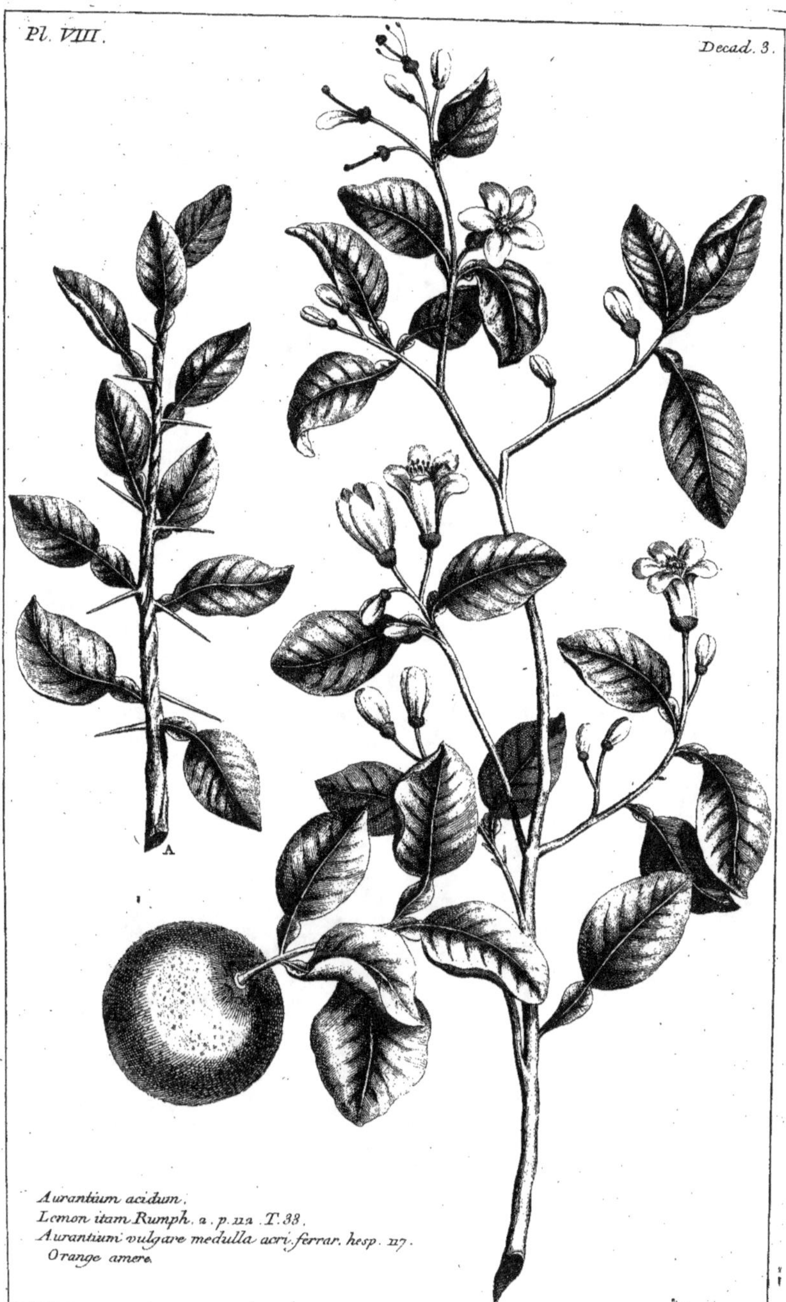

Aurantium acidum.
Lemon itam Rumph. a. p. 112. T. 38.
Aurantium vulgare medulla acri. ferrar. hesp. 117.
    Orange amere.

Aurantium Sinense
Lemon manis tojina Rumph.
2.p. 114. T. 24.
Oranger de la Chine.
A
B

Aurantium verrucosum.
Lemon manis Besaar Rumph. 2. p. 116. T. 35.
Aurantium stellatum et roseum ferr. hesp. 195.
Orange douce à verrues.

Alcea acetosa spinosa, indiæ orientalis heptaphylla, sive
acetosa indica Bontii. breyn. prodr. 1. p. 1.
Herba crinalium Rumph. 4. p. 42. T. 16.
Oseille des Indes.

Abutilon indicum flore luteo minore breyn. prod. a.
Abutilon hirsutum, seu lanuginosum.
Guimauve de Theophraste à petites fleurs jaunes.

Atunus Rumph. 2. p. 272. T. 66.

Atun.

Caniram hort. malab. p . 1. T. 37.
Vidoricum sylvestre. Rumph. 2. p . 174. T. 67.
Vidorick.

Jasminum littoreum Rumph. 5. p. 87. T. 46.
Jasminum periclymeni folio, flore albo,
   fructu flavo, rotundo tetrapyreno.
Sloane Catal. plant p. 169.
Gambir laut.
Jasmin de riviere.

Gossipium caule decumbente linn. hort. cliff.' p. 350 .
Gossipium vulgare Rumph. 4 . p. 37. T. 13.
Capas. Herbe à coton .

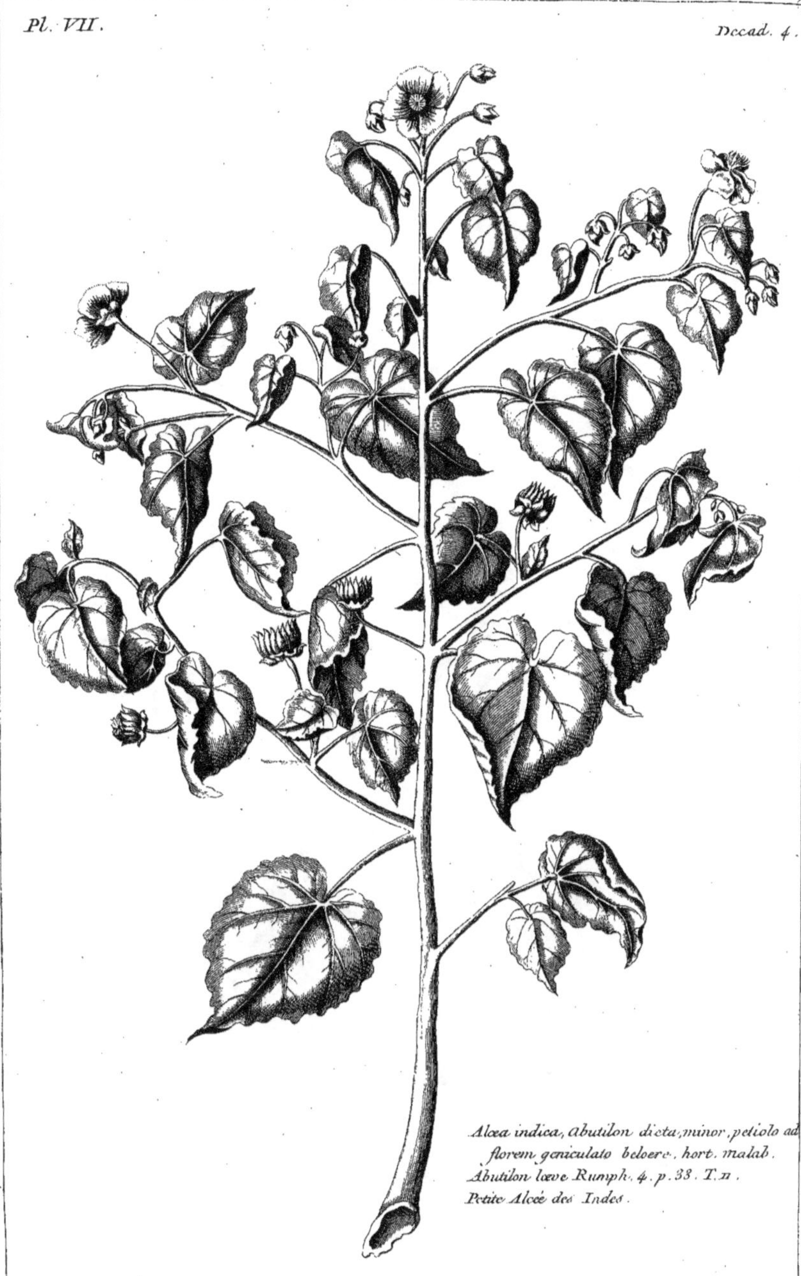

Alœa indica, Abutilon dicta, minor, petiolo ad
florem geniculato beloere. hort. malab.
Abutilon lœve Rumph. 4. p. 33. T. 11.
Petite Alcée des Indes.

Amaryllis spatha multiflora, corollis
Campanulatis æqualibus, genitalibus
declinatis h. Cliff.
Tulipa javana Rumph. 5. p. 307. T. 105.
Belledame.

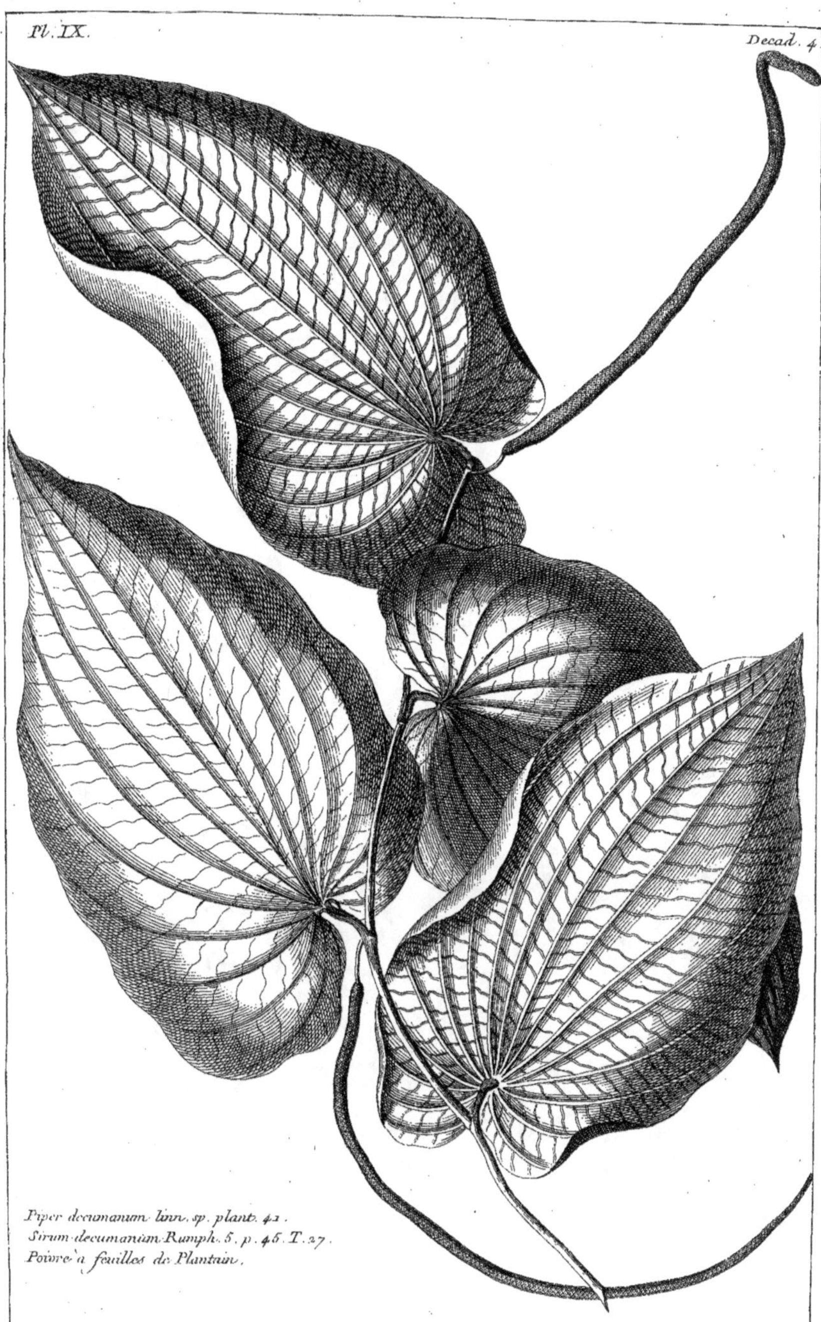

Piper decumanum. linn. sp. plant. 41.
Sirum decumanum. Rumph. 5. p. 45. T. 27.
Poivre à feuilles de Plantain.

Arbor Vespertilionum Rumph. act. 17. T. 10.
Caju morsego.
L'Arbre des Chauvesouris.

Excœcaria agallocha linn. Sp. plant. 1451.
Arbor Excœcans fœmina Rumph. 2. p. 237. T. 80.
Caju matta buta, parampua.

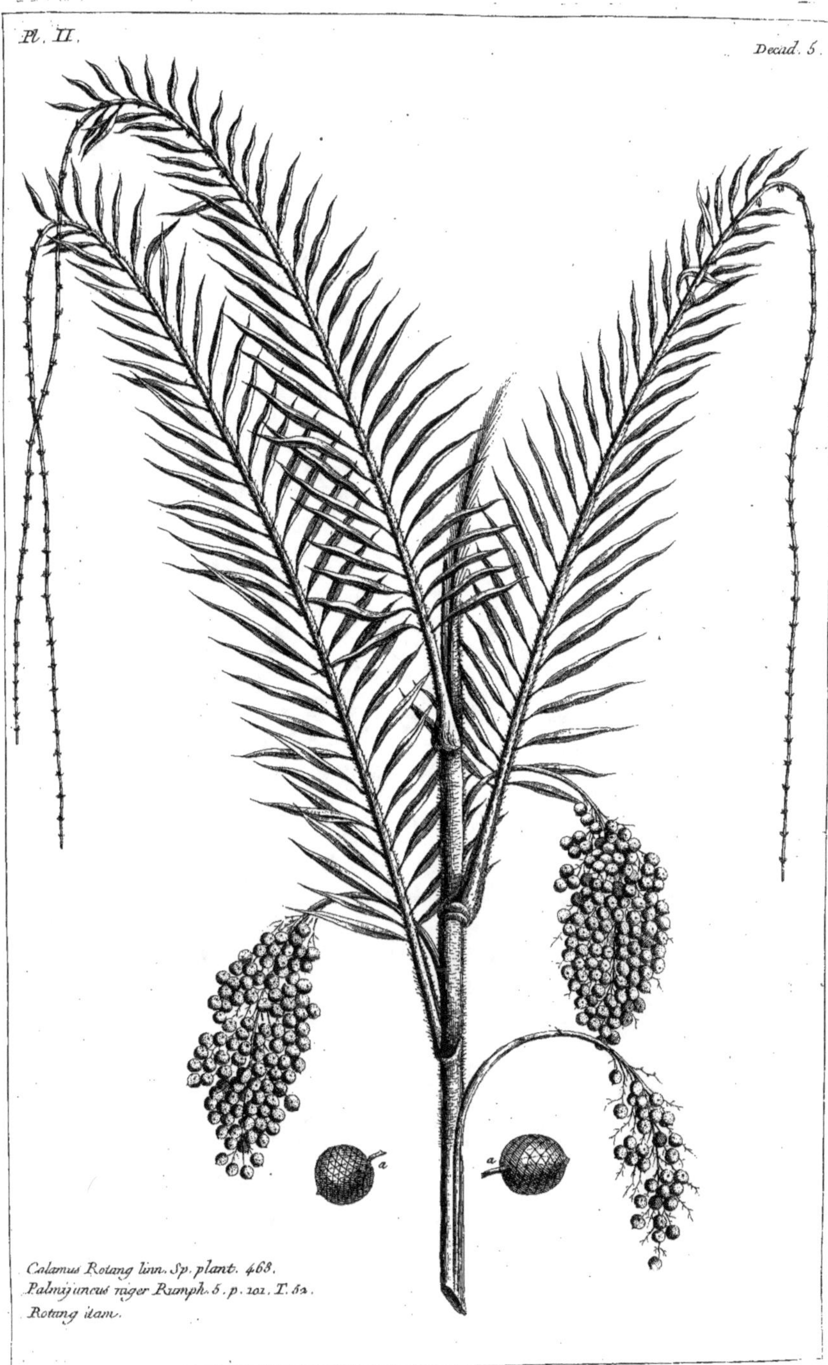

Calamus Rotang linn. Sp. plant. 463.
Palmijuncus niger Rumph. 5. p. 101. T. 52.
Rotang itam.

Excæcaria agallocha linn. Sp. plant. 1451.
Arbor Excæcans mas Rumph. 2. p. 237. T. 79.
Caju matta buta lacki, lacki.

Pandanus humilis Rumph. 4. p. 145. T. 76.
Kaida taddi hort. malab. T. 2. f. 6.
Keker.

Calamus Rotang linn. Sp. plant 463.
Palmijuncus Calapparius. Rumph. 5. p. 88. T. 61.
Rotang Calappa.

Pandanus Sylvestris Rumph. 4. p. 146. T. 77.
Pandang utan.

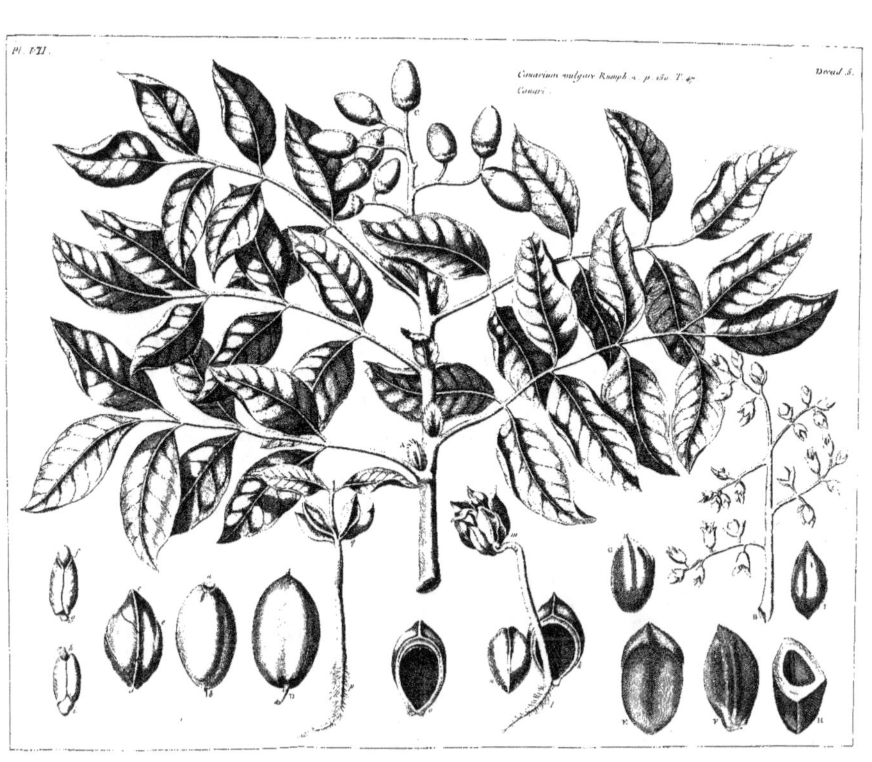

Pl. VII.
Canarium vulgare Rumph. n. p. 150. T. 47.
Canari.
Decad. 5.

Ficus racemosa linn. Sp. plant. 1515.
Grossularia domestica Rumph. 3. p. 136. T. 88.
Alty. alu figue des Indes.

Erythrina picta linn. Sp. plant. 993.
Gelala alba Rumph. 2. p. 234. T. 77.
Gelala puti.

Pl. X.
Erythrina Corallodendrum linn; Sp. plant. 992.
Gelala littorea Rumph. 2. p. 230. T. 76.
Mouricou.
Decad. 5.
A
B

Magnolia maximo flore foliis
subtus ferrugineis.
Bonl. hort. chelf. p. 132.
Magnolia grandiflora linn. Sp. plant. 755.
Laurier Tulipier.

Cette plante est reduitte à moitié.

Tessard. Sc.

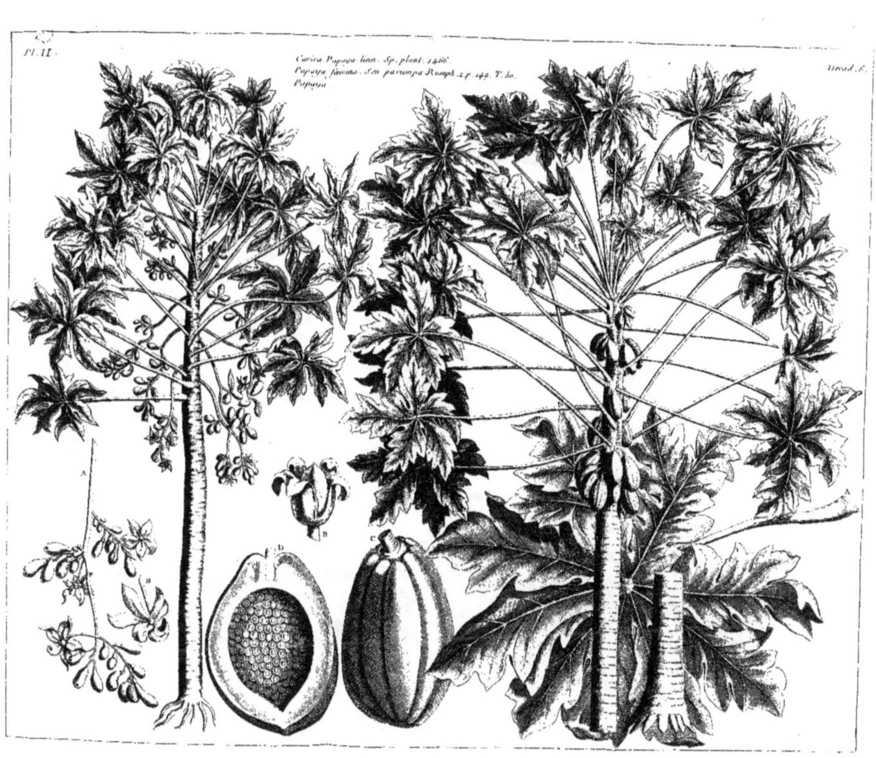
Pl. II.
Carica Papaya Linn. Sp. plant. 1466.
Papaya femina. Seu parunpa Rumph. 1. p. 149. T. 50.
Papaya.
Decad. 6.

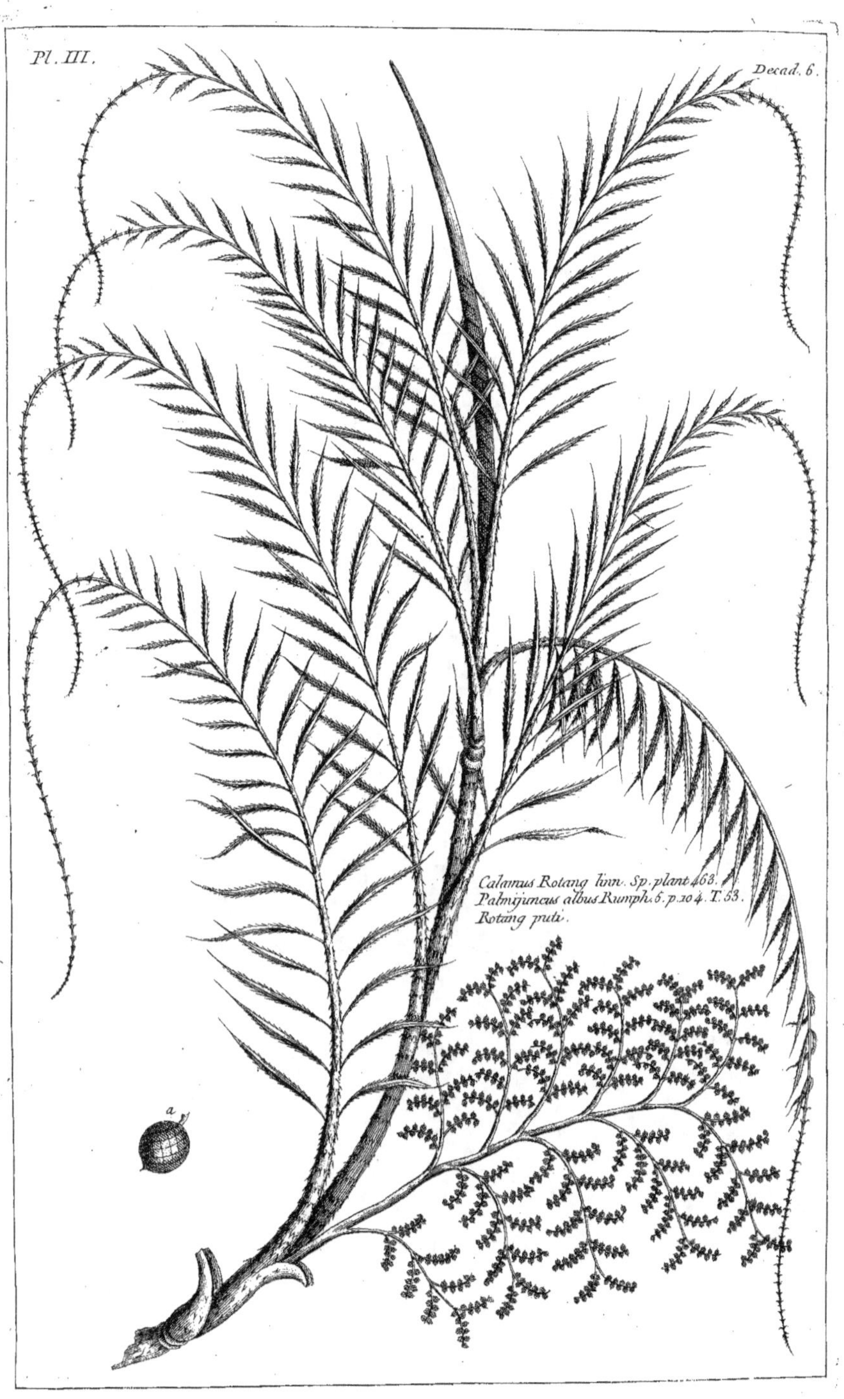
Calamus Rotang linn. Sp. plant. 463.
Palmijuncus albus Rumph. 5. p. 104. T. 53.
Rotang puti.

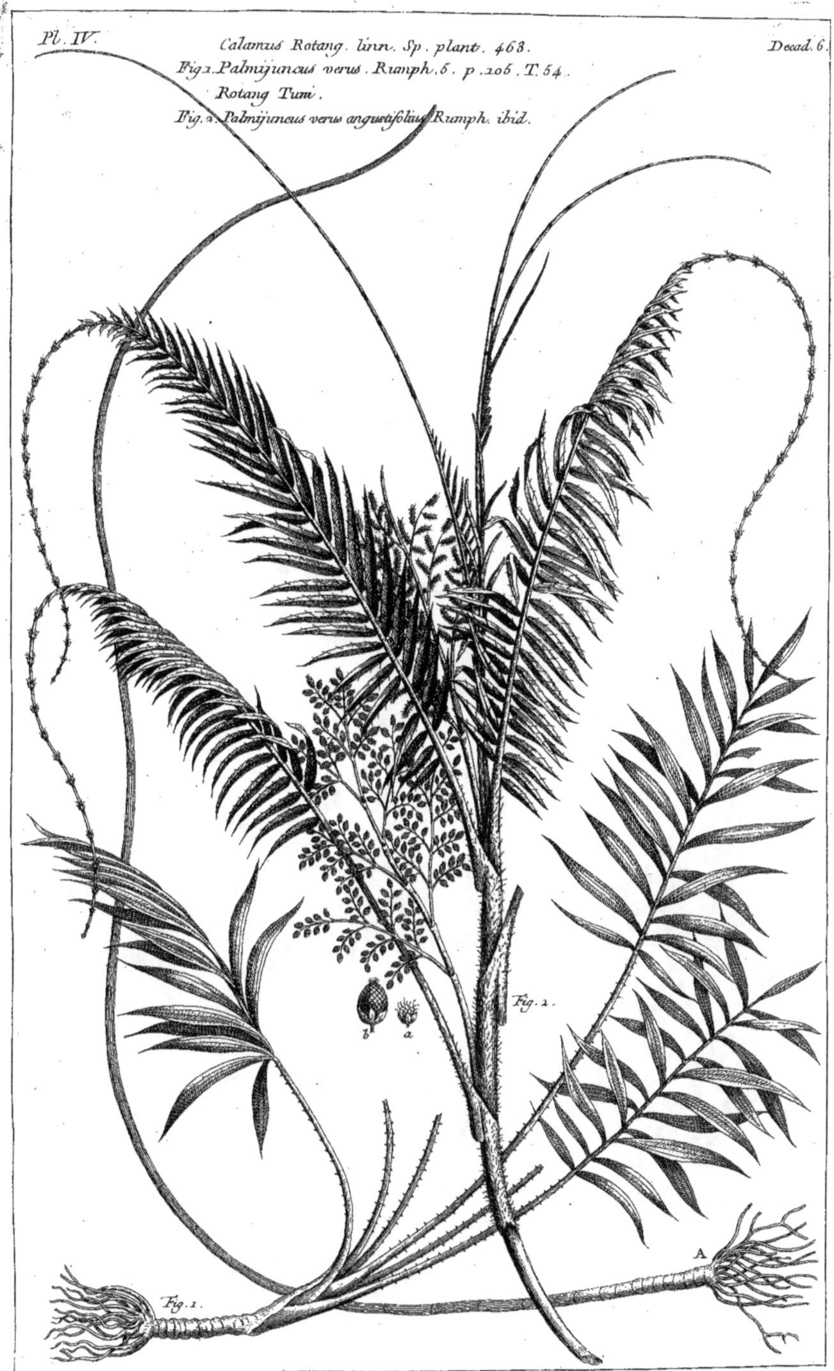

Pl. IV.
Calamus Rotang. linn. Sp. plant. 463.
Decad. 6.
Fig.1.Palmijuncus verus. Rumph. 5. p.106. T.54.
Rotang Tuni.
Fig. 2. Palmijuncus verus angustifolius Rumph. ibid.
Fig. 2.
b
a
A
Fig.1.

Pl. V.
Decad. 6.
Calamus Rotang. linn. Sp. plant.463
Fig.2.Palmijuncus viminalis. Rumph. 5.p.
108. T. 55.
Rotang Java.
Fig.1.
Fig.1. Palmijuncus verus latifolius
Rumph. 5. p. 109. T. 56.
a
B
Fig. 2.
A

Pl. VI.
Decad. 6.
Calamus Rotang. linn. Sp. plant. 463.
Palmijuncus equestris Rumph. 5. p. 110.
T. 56.
Rotang Tsjavora.

Calamus Rotang. linn. Sp. plant. 463.
Fig. 1. Palmijuncus equestris Rumph. 5. p. 118.
T. 57.
Fig. 2. Palmijuncus zalacca Rumph. 5. p.
118. T. 57.
Rotang zalack.

Fig. 1.

Fig. 2.

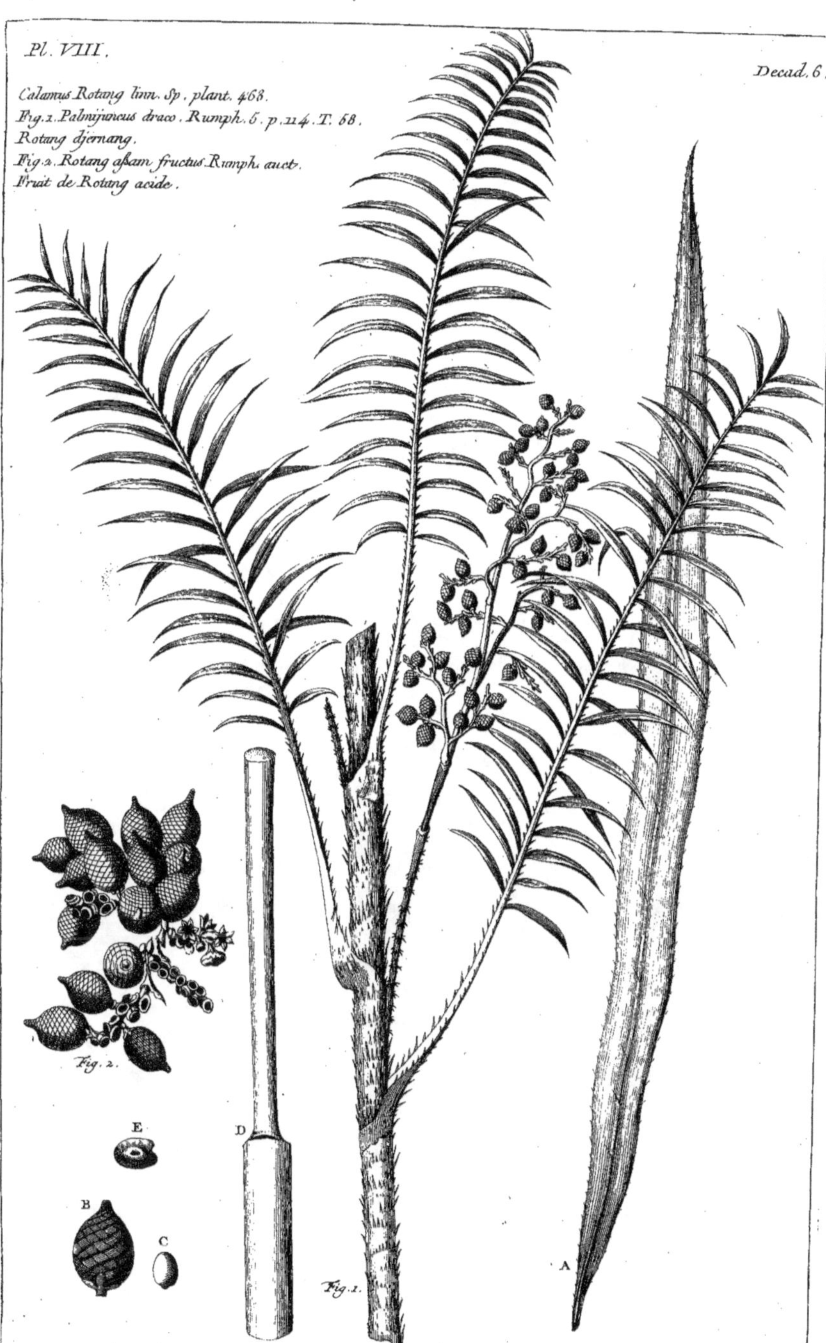

Pl. VIII.
Decad. 6.
Calamus Rotang linn. Sp. plant. 463.
Fig. 1. Palmijuncus draco. Rumph. 5. p. 114. T. 58.
Rotang djernang.
Fig. 2. Rotang assam fructus Rumph. auct.
Fruit de Rotang acide.
Fig. 2.
Fig. 1.
A
B
C
D
E

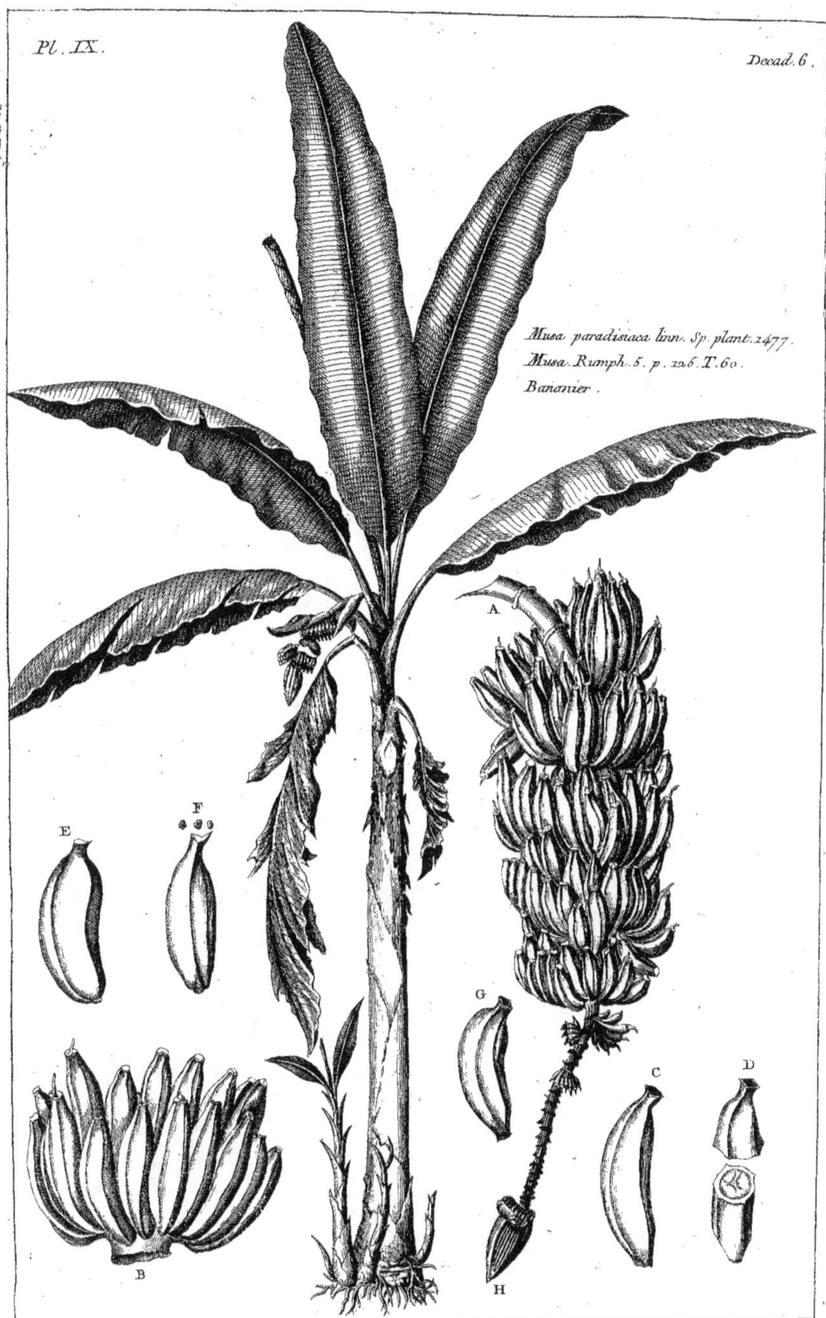
Musa paradisiaca linn. Sp. plant. 1477.
Musa. Rumph. 5. p. 126. T. 60.
Bananier.
A
E
F
B
G
C
D
H

Pl. X.
Decad. 6.
A
Fig. 2.
Fig. 1. Musa simiarum Rumph. 5. p. 138.
T. 61.
Pissang jacki.
Bananier des Singes.
Fig. 3.
Fig. 2.
Musa troglodytarum. linn. sp. plant 1478.
Musa uranoscopus Rumph. 5. p. 137. T. 61.
Bananier des moluques.
Fig. 3. Musa alphurica sive ceramica
Rumph. 5. p. 160. T. 61.
Pissang alphuru.
Fig. 1.

Conium maculatum. linn.
Cicuta vulgaris major. morisson
Grande Cigue.

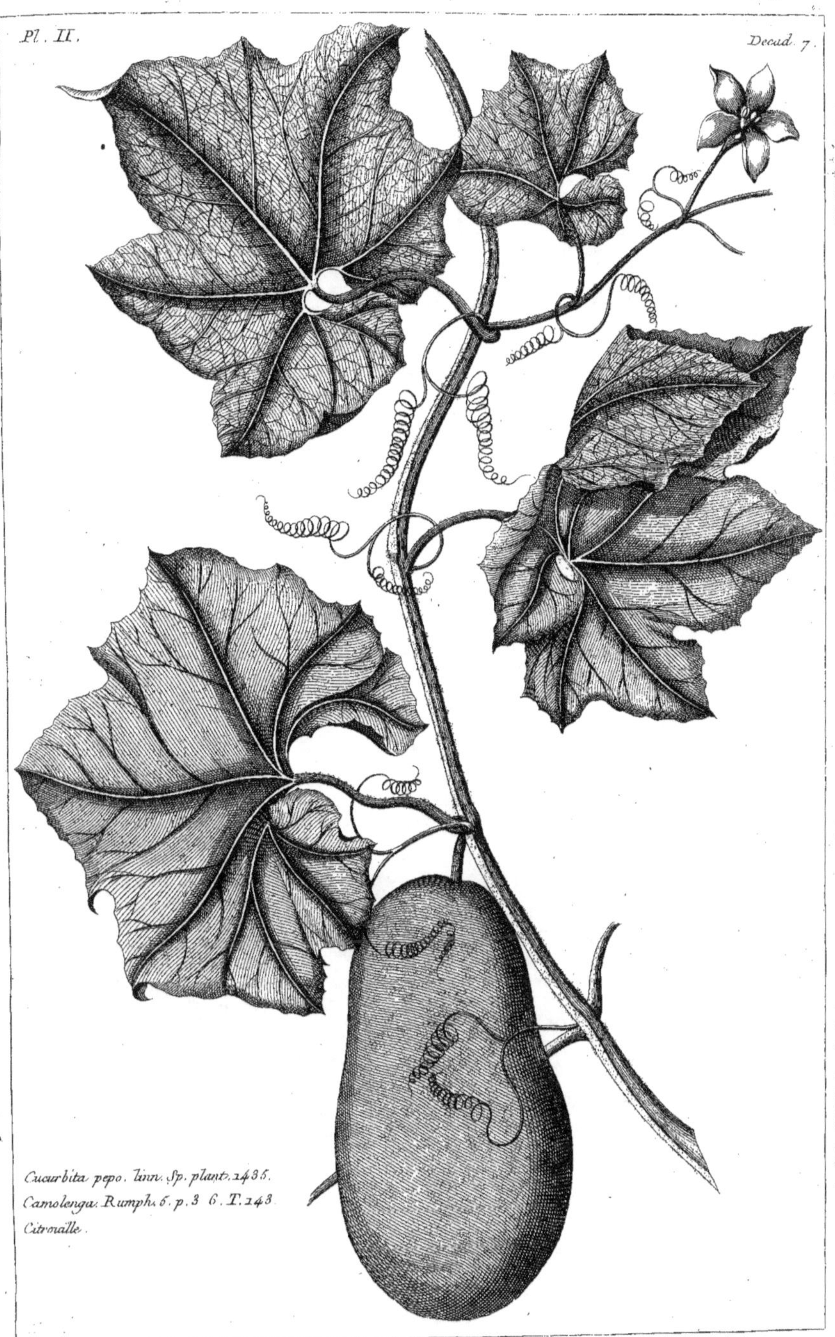

Cucurbita pepo. linn. Sp. plant. 1435.
Camolenga. Rumph. 5. p. 3 6. T. 143.
Citroulle.

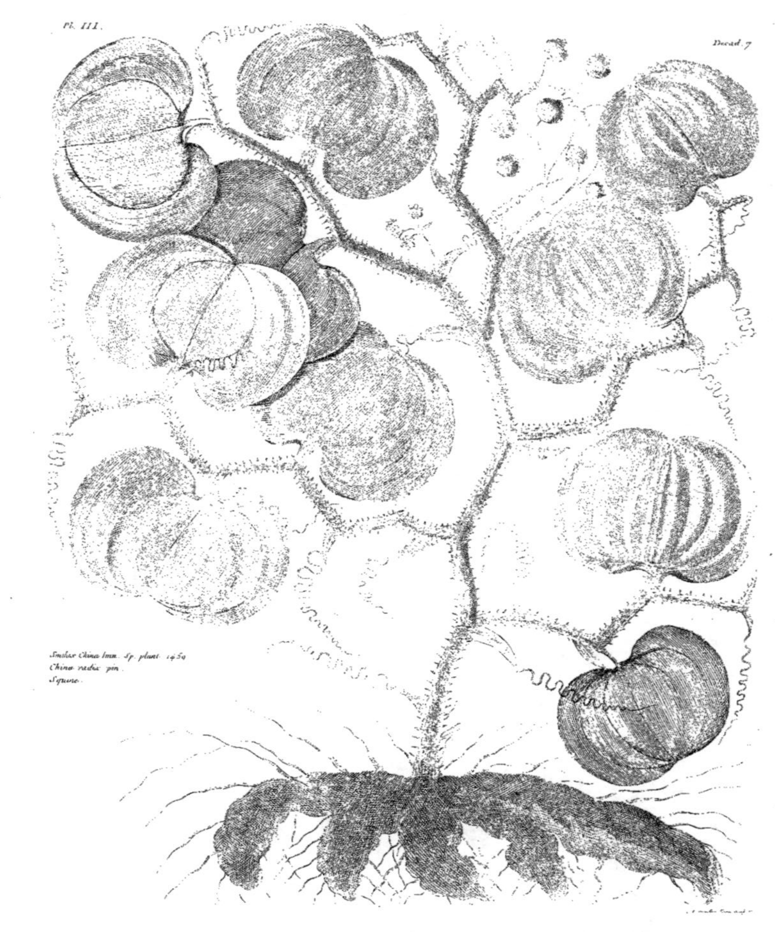
Pl. III.
Decad. 7
Smilax China Linn. Sp. plant. 1459
China radix pin.
Squine.

Perticaria ferrea Rumph.3p. 8i. T.5a.
Lolay.

Lobus littoralis Rumph. 5. p. II. T. 6.
Phaseolus Indicus, lobis villosis, pruritum excicantibus
mus. zeyl. 6.
Feve des Indes a grandes Siliques.

Arbor facum minor Rumph. 3. p. 79. T. 51.
Caju lobe daun Kitsjil.
Bois à torche.

Cacara pruritus.
Cacara gattal Rumph. 5. p. 394. T. 242
Phaseolus zeylanicus lobis undequaque pilosis fructu lucido
nigro. thes. zeylanicus. p. 292.
Phaseolus utriusque Indiæ lobis villosis pungentibus minor
sloan. cat. plant. jam. 69.
Feve Orientale.
A

Fig 2. Chirotheca marina Rumph. 6.p.264.T.9.
Spongia cinerea, cava, vaginam.
referens. Boerr. Ind. lug
Eponge cendrée.

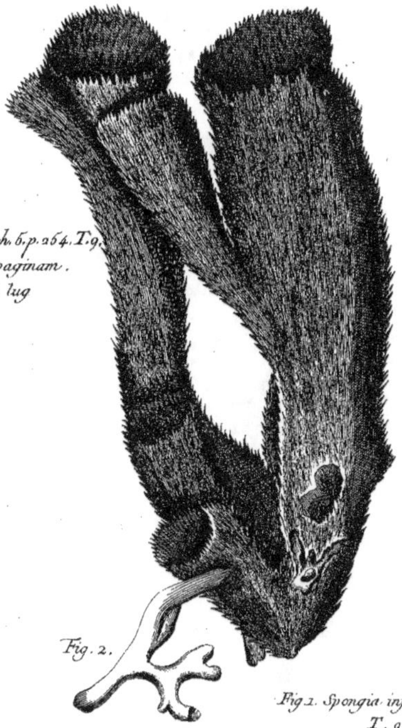

Fig. 2.

Fig.1. Spongia infundibuli formâ Rumph.6.p.254.
T. 90.
Infundibulum marinum clus. Tsjats joran laut.
Eponge en forme d'entonnoir.

Fig.1.

Parrana rubra Rumph. 5. p. 9. T. 6.
Parran mara.
Espece de feve.

A   A

Decad. 7.

Parrana major seu Faba marina Rumph. 5. p. 8. T. 4
Lens phaseloides foliis subrotundis oppositis, flore
    Spicato, pentapetalo, lobis latissimis fructu orbiculato
    fusco. Thes zeyl. p. 189.
Feve de mer.

Dalechampia scandens Linn. Sp. plant. 1423.
Lupulus folio trifido, fructu tricocco hispido.
plum. amer. 89. T. 101.
Dalechampé.

Pl. II.
Decad. 8.
Fig. 1.
Fig. 2.
Fig. 1. Arbutus uva ursi linn. Sp. plant. 566.
Uva ursi Tour. 599.
Bousserolle.
Fig. 2. Vaccinium vitis idæa linn. Sp. plant. 500.
Vitis idæa foliis subrotundis non crenatis, baccis
rubris pin. 470.
Brimbelle ou Myrtille.

Cicadaria
Caju lape lape. Rumph. 3. p. 79. T. 50.
L'arbre aux Cigales.
A
B

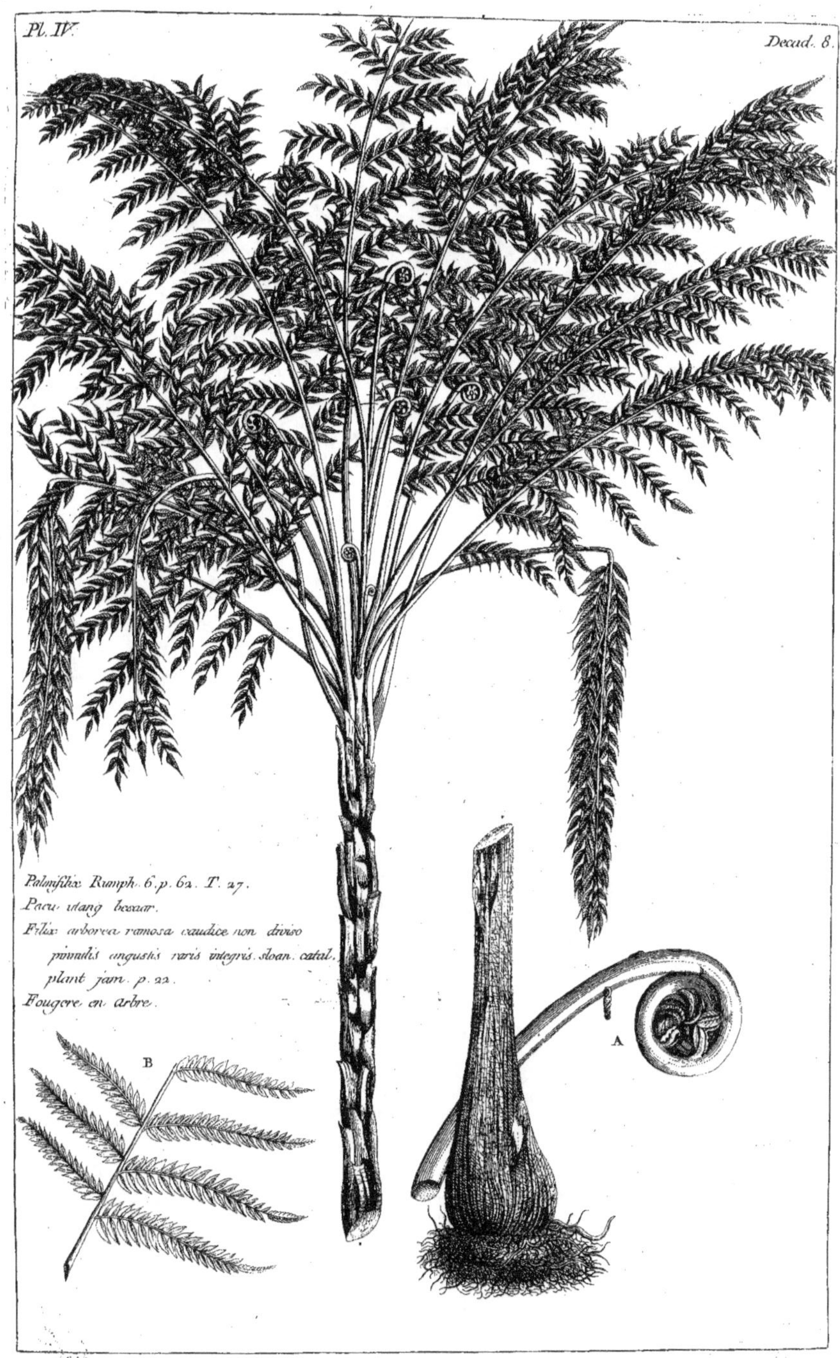

Pl. IV.
Decad. 8.
Palmifilix Rumph. 6. p. 62. T. 27.
Pacu utang besaar.
Filix arborea ramosa caudice non diviso
pinnulis angustis raris integris. sloan. catal.
plant jam. p. 22.
Fougere en arbre.
A
B

Filix aquatica sive osmunda Rumph. 6. p. 66.
T. 28.
Filix major, inpinnas tantum divisa, oblongas
angustasque non crenatas. sloan hist. jam.
T. 1. T. 40.
Fougère aquatique.

Pl. VI.
Decad. 8.
Filix esculenta sive femina sajor pacu dicta Rumph. 6 p. 67. T. 29.
Parapanna maravara hort: malab. T. 22. T. 16.
Fougere femelle de Malabar.

Petola. petola-tschina. Rumph 5. p. 406. T. 147.
Espece de Concombre sauvage.

Fig. 1. Tsjinkin seu Tsji-ken Rumph. aucé.
p. 61. T. 28.
Fig. 2. et Fig. 3. Mongos.
Mangouste.

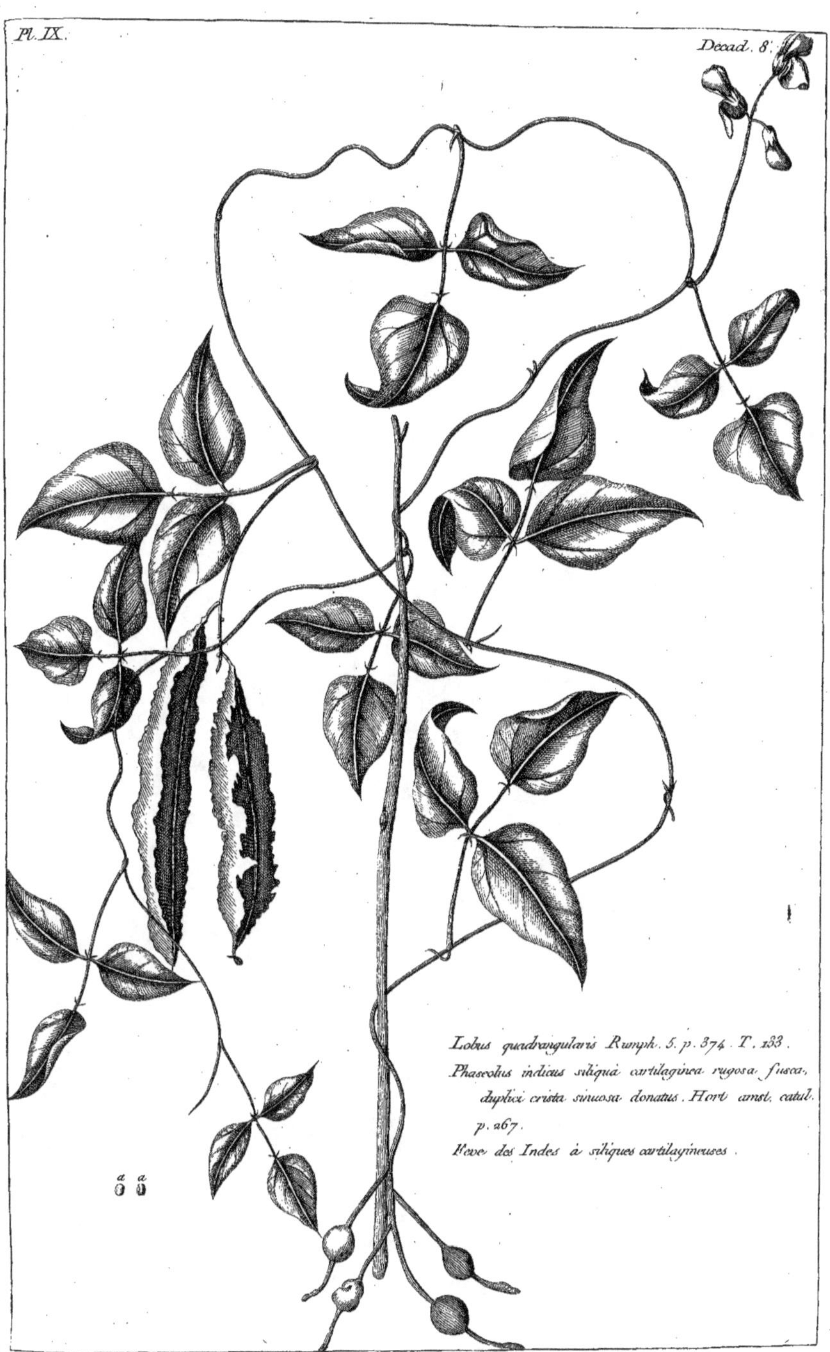

Lobus quadrangularis Rumph. 5. p. 374. T. 133.
Phaseolus indicus siliquâ cartilaginea rugosa fusca,
duplici crista sinuosa donatus. Hort. amst. catal.
p. 267.
Feve des Indes à siliques cartilagineuses.

Fig. 1.
Fig. 2.
Fig. 1. Ganja sativa seu domestica Rumph. 5
p. 213. T. 78.
Fig. 2. Ganja agrestis ibidem.
Sajor de Bengale.
a

Pl. I.
Decad. 9.
An. zantoxylum aculeatum,
Carpini foliis, americanum cortice
cinereo. pluk. hort. reg. Parisi?
Rimbot. adans. voy. au Senegal.

Granatum littoreum latifolium ramph. 8.
pag. 95. T. 72.
Martahul.

Fig. 1. Asclepias gigantea linn Sp plant. 812.
Madorius. rumph auct. 26. T. 14.
Grand Apocin des Indes.
Fig. 2. Hibiscus rosa sinensis linn. Sp. plant. 975.
Catsjopiri
Rumph auct. 26. T. 14.
Rose de la Chine.
Fig. 1.
Fig. 2.

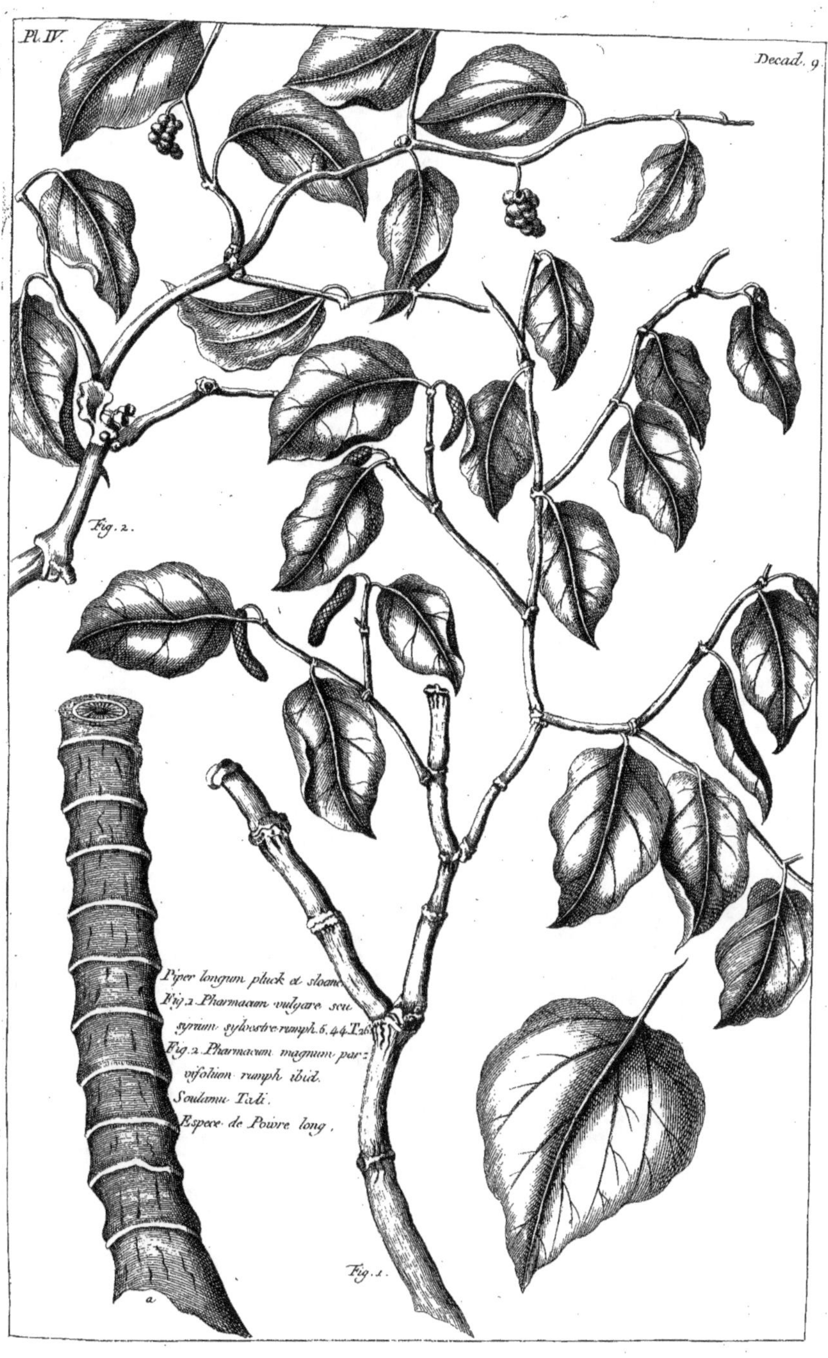
Pl. IV.
Decad. 9.
Fig. 2.
Fig. 1.
a
Piper longum pluck et sloane
Fig. 1 Pharmacum vulgare seu
syrum sylvestre rumph. 6. 44 T. 26
Fig. 2 Pharmacum magnum par:
vifolium rumph ibid.
Soulamu Tali.
Espece de Poivre long.

Pl. V.
Decad. 9.
Fig. 1. Urtica æstuans linn. Sp. plant. 1397.
Rameum majus rumph. 5. p. 214. T. 79.
Ortie de Surinam
Fig. 2. Carthamus tinctorius linn. Sp.
plant. 1162.
Cnicus indicus rumph 5. p. 215. T. 79.
Safran batard.
Fig. 2.
Fig. 1.

Pl. VI.
Decad. 9.
Convolvulus fœtidus rumph. 5. p. 436. T. 160.
Daun contu.
Feuille puante.

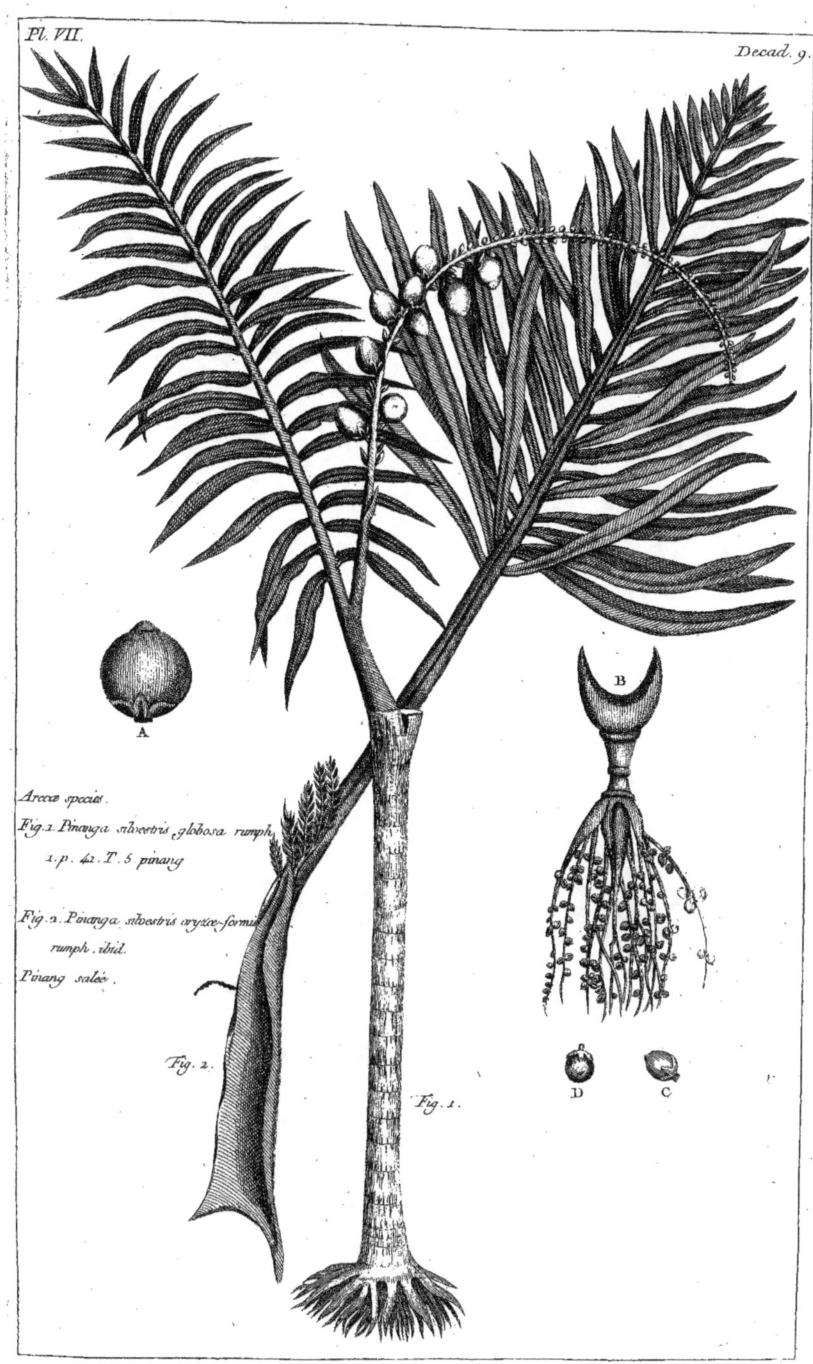

Arecæ species.
Fig. 1. Pinanga silvestris globosa rumph.
1. p. 42. T. 5. pinang
Fig. 2. Pinanga silvestris oryzæ-formis
rumph. ibid.
Pinang salée.
A
B
C
D
Fig. 1.
Fig. 2.

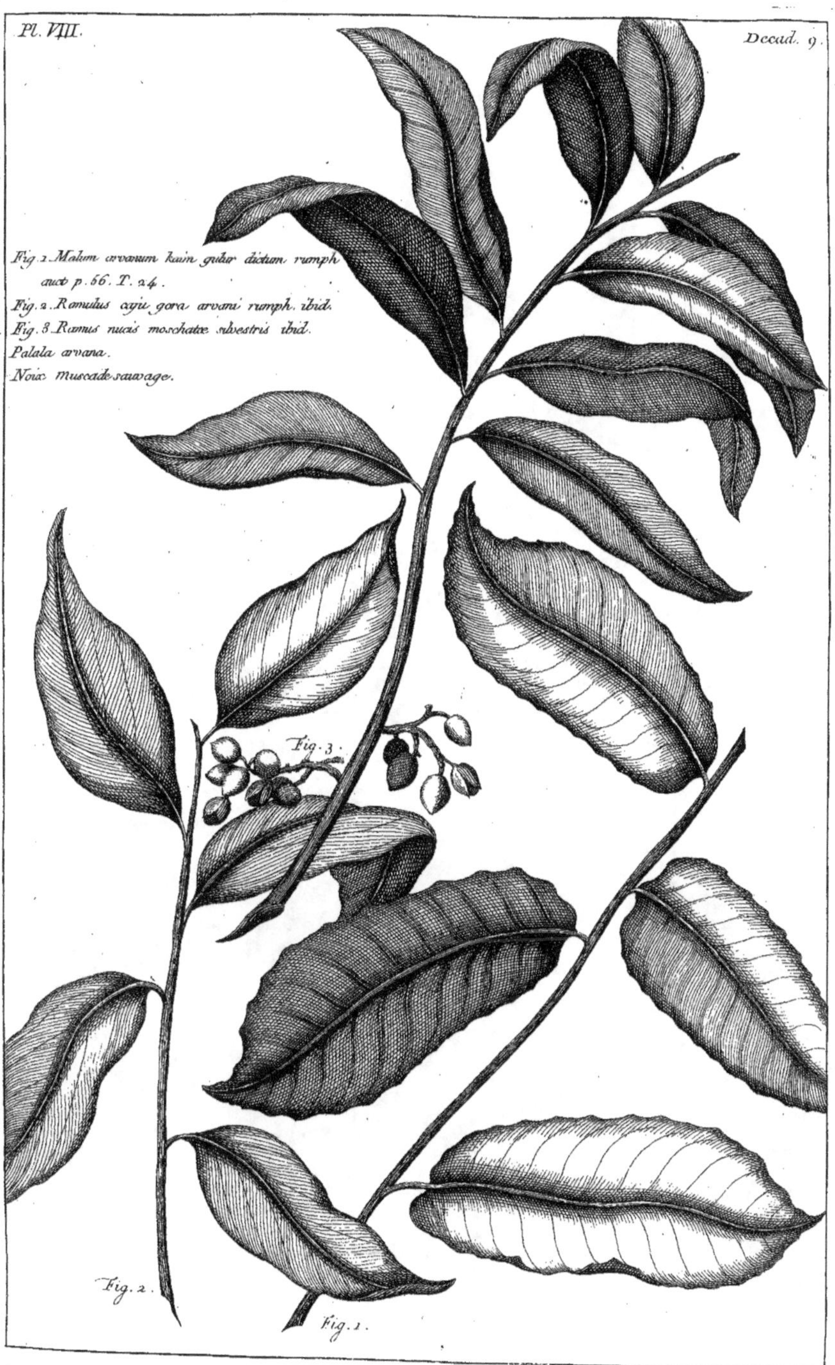

Fig. 1. Malum arvanum kain gutar dictum rumph
auct p. 66. T. 24.
Fig. 2. Ramulus cyu gora arvani rumph. ibid.
Fig. 3 Ramus nucis moschatæ silvestris ibid.
Palala arvana.
Noix muscade sauvage.
Fig. 3.
Fig. 2.
Fig. 1.

Fig. 1. Arisarum esculentum rumph. 5.
p. 3d1. T. 3.
Fig. 2. Arum trilobatum linn. Sp.
plant. 1369.
Dracunculus amboinicus rumph. ibid
Pied de Veau d'Amboine.

Fig. 1. Cortex igneus. rumph. auct. pag. 11. T. 6.
Culit api.
Ecorce brulante.
Fig. 2. Caju panu. rumph. auct. p. 12. T. 6.
Aylausien.

Pl. I.

Decad. 10.

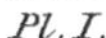

Saxifraga crassifolia linn. Sp. plant. 578.
Saxifraga foliis ovalibus crenulatis, caulibus nudis. Gmelin.
Saxifrage de Siberie.

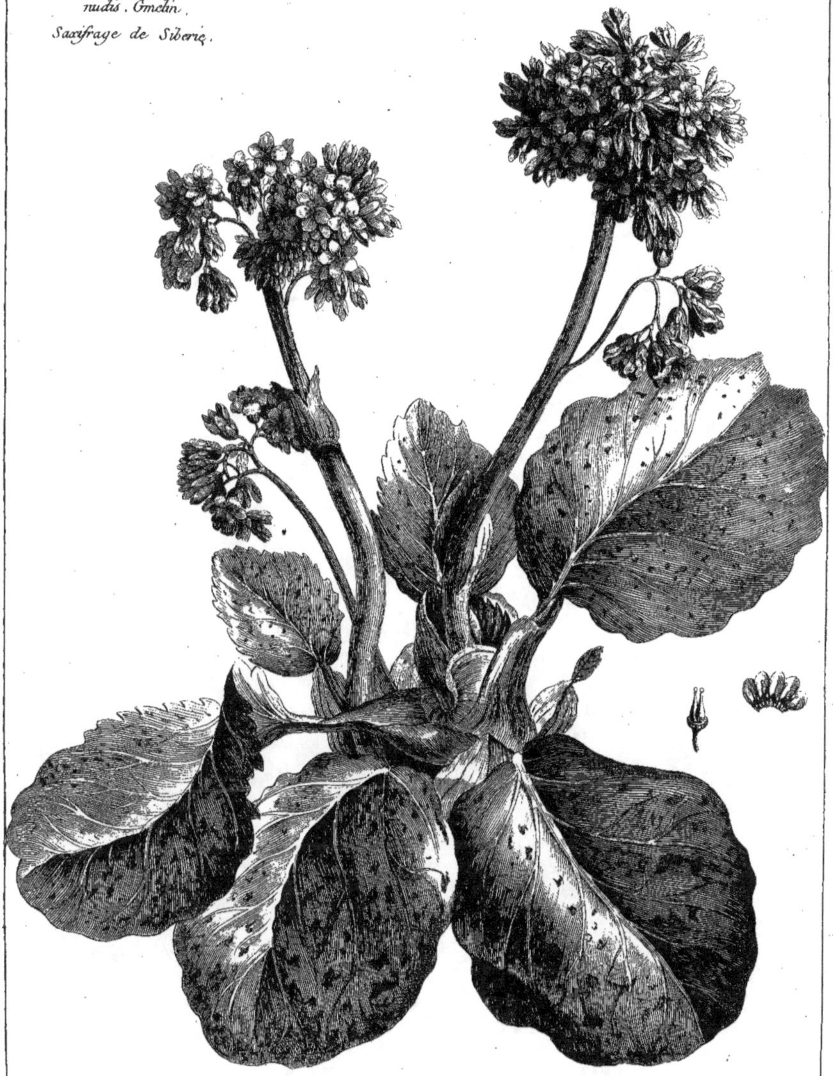

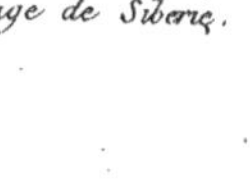

Cette Plante est reduitte à moitié.

Prevost Pinx. Fessard Sculp.

Pl. II.
Decad. 10.
Fig. 1. Flos siamicus. Rumph. auct. p. 59. T. 26.
Bonga Siam.
Fleur de Siam.
Fig. 2. Scrotum cussi Rumph. ibid.
Popeleer cussu.
Boa mulo.
Fig. 1.
Fig. 2.

Lignum leve minus Rumph. 3. p. 72. T. 44.
Halaur kitsjil dictum.
Bois Leger.

Arbor rubra. Rumph. 3. p. 75. T. 48.
Caju mera ajcou.
Arbre Rouge.

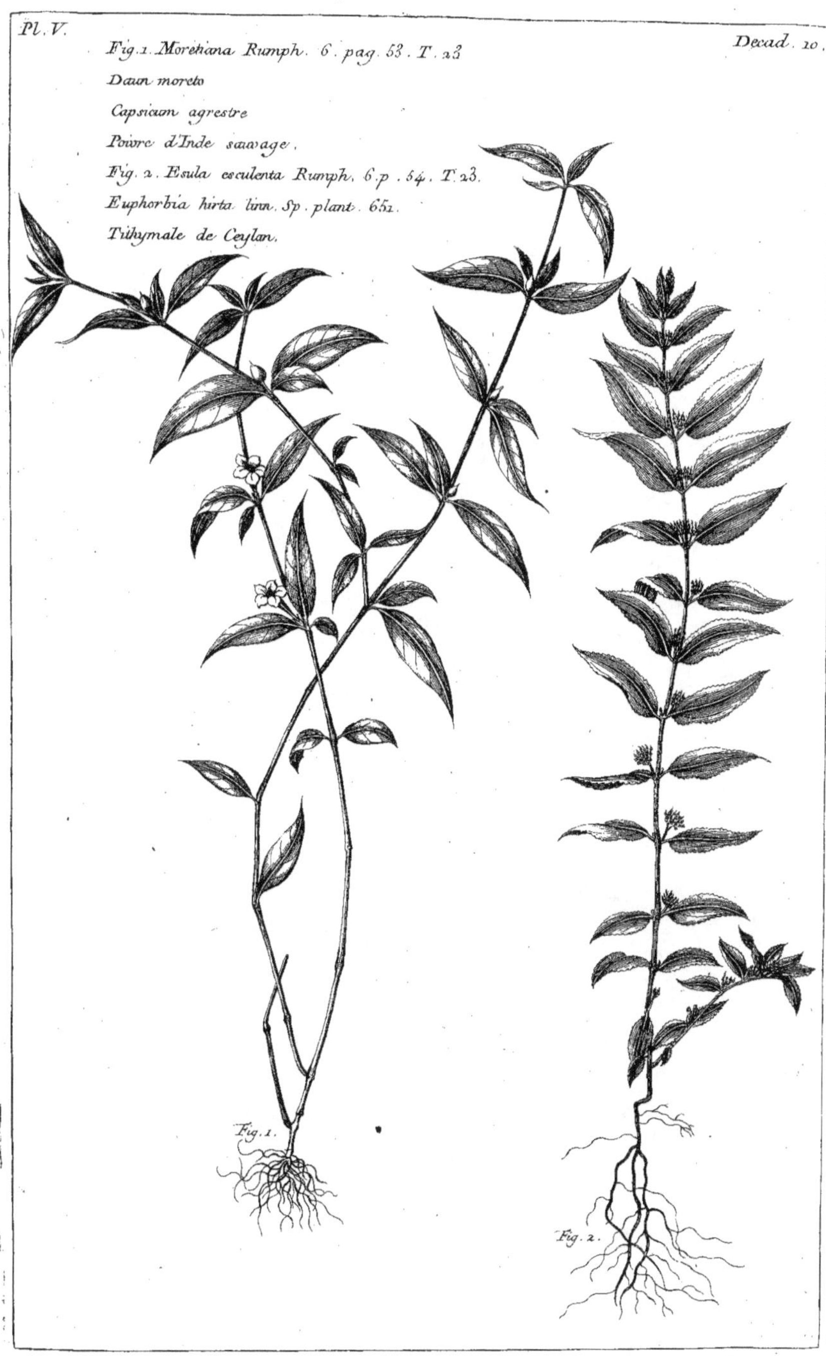

Pl. V.
Decad. 10.
Fig. 1. Morehana Rumph. 6. pag. 53. T. 23.
Daun moreto
Capsicum agrestre
Poivre d'Inde sauvage.
Fig. 2. Esula esculenta Rumph. 6. p. 54. T. 23.
Euphorbia hirta linn. Sp. plant. 652.
Tithymale de Ceylan.
Fig. 1.
Fig. 2.

Pl. VI.
Decad. 10.
Fig. 1. Lysimachia indica corniculata non papposa caule altissimo flore odorato commel. cat. p. 214.
Herba vitiliginum. Rumph. 6. p. 52. T. 22.
Jussiæa erecta. linn. Sp. pl. 556.
Jasmin de Catalogne à fleurs jaunes.
Fig. 2. Bungum fæmina Rumph. 6. pag. 52. justicia. T. 22.
Justicia bivalvis. linn. Sp. pl. 23.
Parampuan.
Fig. 1.
Fig. 2.

Fig. 1.

Fig. 2.

Fig. 1. Herba admirationis Rumph. 6. p. 40. T. 16.
Leonurus Americana alba folio sideritis longiore
     plukn. phyt. T. 80.
L'Admirable.
Fig. 2. Majana fœtida Rumph. 6. p. 41. Fig. 16.
Majana utan.
Carin tumba. h. malab.

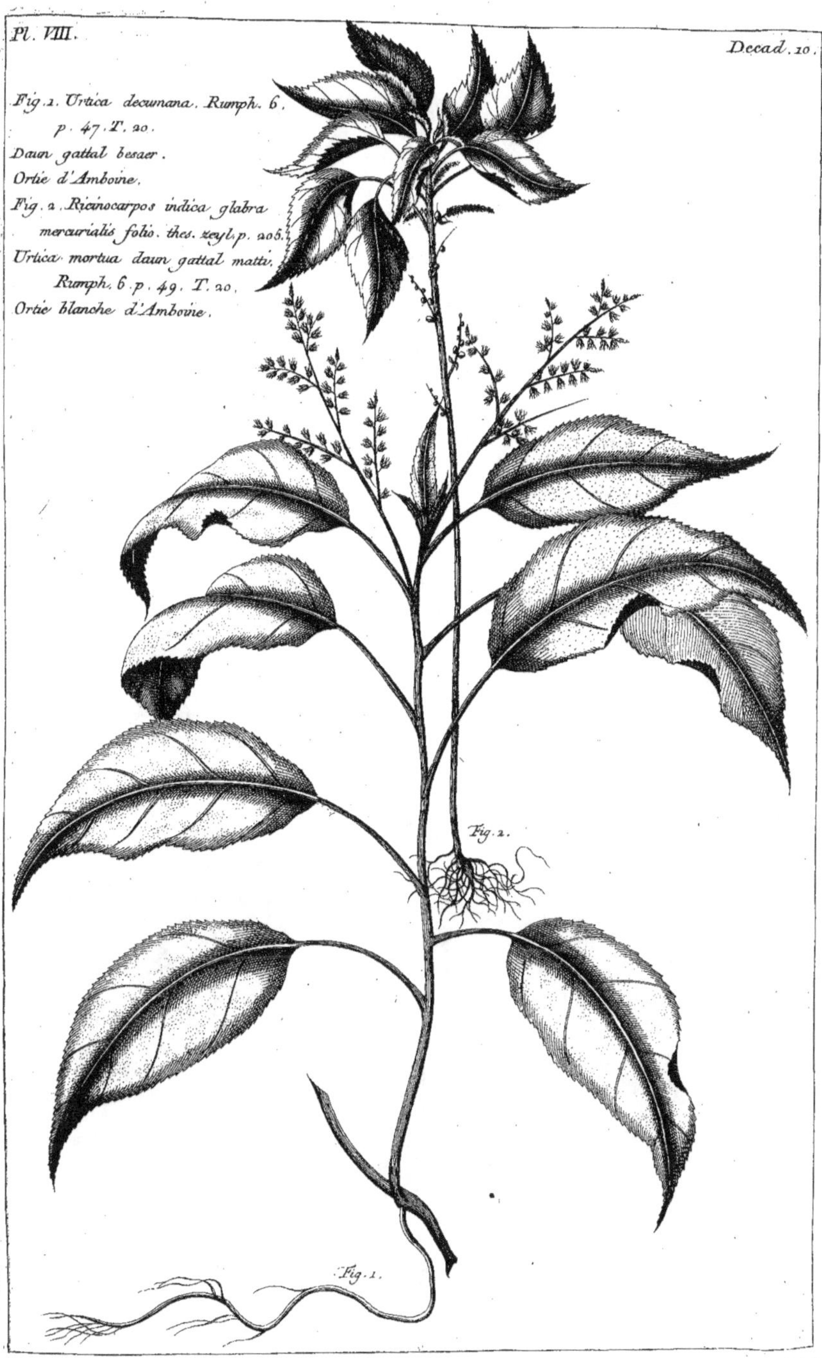
Pl. VIII.
Decad. 10.
Fig. 1. Urtica decumana. Rumph. 6.
p. 47. T. 20.
Daun gattal besaer.
Ortie d'Amboine.
Fig. 2. Ricinocarpos indica glabra
mercurialis folio. thes. zeyl. p. 205.
Urtica mortua daun gattal matti.
Rumph. 6. p. 49. T. 20.
Ortie blanche d'Amboine.
Fig. 2.
Fig. 1.

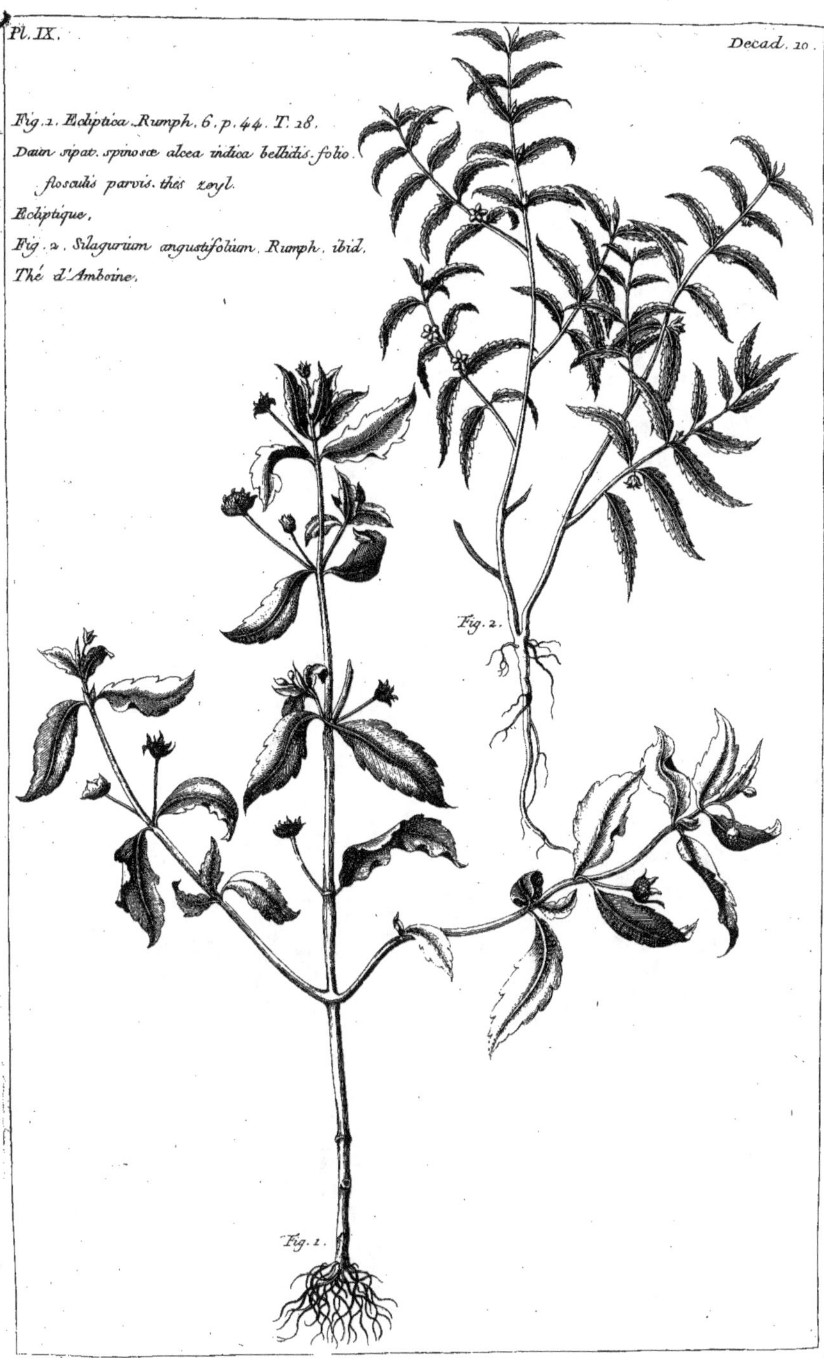
Fig. 1. Ecliptica. Rumph. 6. p. 44. T. 28.
Daun sipat. spinosæ alcea indica bellidis. folio.
flosculis parvis. thés zeyl.
Ecliptique.
Fig. 2. Silagurium angustifolium. Rumph. ibid.
Thé d'Amboine.
Fig. 2.
Fig. 1.

A
B
C
D
Pharmacum sagueri Rumph. 11. p. 136. T. 44.
Oebat sagueer.
Sesoot, valent.

HISTOIRE

UNIVERSELLE

DU RÈGNE VÉGÉTAL.

HISTOIRE

UNIVERSELLE

DU RÈGNE VÉGÉTAL,

OU

NOUVEAU DICTIONNAIRE

PHYSIQUE ET ÉCONOMIQUE

De toutes les Plantes qui croissent sur la surface du Globe:

Contenant leurs noms Botaniques & Triviaux dans toutes les Langues, leurs claſſes, leurs Familles, leurs Genres & leurs Éſpèces ; les endroits où on les trouve le plus communément ; leur culture ; les animaux auxquels elles peuvent ſervir de nourriture; leurs analyſes chymiques ; la manière de les employer pour nos alimens, tant ſolides que liquides ; leurs propriétés, non-ſeulement pour la Médecine des hommes, mais encore pour celle des animaux ; les doſes & la manière de les formuler, & les différens uſages pour leſquels on peut s'en ſervir dans les Arts & Métiers, &c. &c. &c.

On y a joint une *Bibliothèque raiſonnée de tous les livres de Botanique*, *l'explication des différens termes uſités dans cette partie de l'Hiſtoire Naturelle* ; *une notice de tous les ſyſtêmes*, *& enfin la liſte des Profeſſeurs & des Jardins Botaniques de l'Europe.*

Ouvrage orné de 1200 Planches gravées en taille-douce par les meilleurs Maîtres, & deſſinées d'après nature.

Par M. Buc'hoz, Docteur en Médecine, Médecin Botaniſte de Monſieur, frère du Roi, & Médecin de Quartier Surnuméraire de ſa Maiſon, ancien Médecin de quartier de Monſeigneur le Comte d'Artois, & Médecin ordinaire de feu Sa Majeſté le Roi de Pologne, Aggrégé au Collège Royal & à la Faculté de Médecine de Nancy, Aſſocié des Académies de Mayence, de Châlons, d'Angers, de Dijon, de Béziers, de Caen, de Bordeaux & de Metz, Correſpondant de celles de Rouen & de Touloufe ; Membre de la Société Royale d'Agriculture de Rouen.

TOME SECOND DES PLANCHES.

A PARIS.

Chez Brunet, Libraire, rue des Écrivains, vis-à-vis le Cloître Saint-Jacques-la-Boucherie.

M. DCC. LXXV.

Avec Approbation & Privilége du Roi.

Aletris bifolia. Burm. flora Indica.
Espece de Jacinthe Orientale.
M. Bassporte pinx.
Cent 2.d
Cl. Fessard Sculp

Rhamnus Jujuba. Linn. Sp. plant. 282.
Malus Indica, vidara. Rumph. 2. p. 117.
T. 36.
Jujube des Indes à fruits ronds
A
A
B

Pl. III.
Decad. 1.
A
B
C
Radix deiparæ spuria lowarra.
Rumph. 2. p. 227. T. 40.
Racine de la Vierge.
Cent. 2.

Pl. IV.
Decad. 1.
A
B
Cent. 2.
Cassia fistula Sylvestris . Rumph. a.
p. 90. T. 22.
Cassia fistula Indica . flore Carneo
Cl . jageri Breyn. prod.
Casse sauvage des Indes.

Pl. V.
Decad. 1.
Cycas arbuscula amboinensis Rumph. 1.
pag. 91. T. 20.
Ananassa.
Ananas palmier.
Cent. 2.

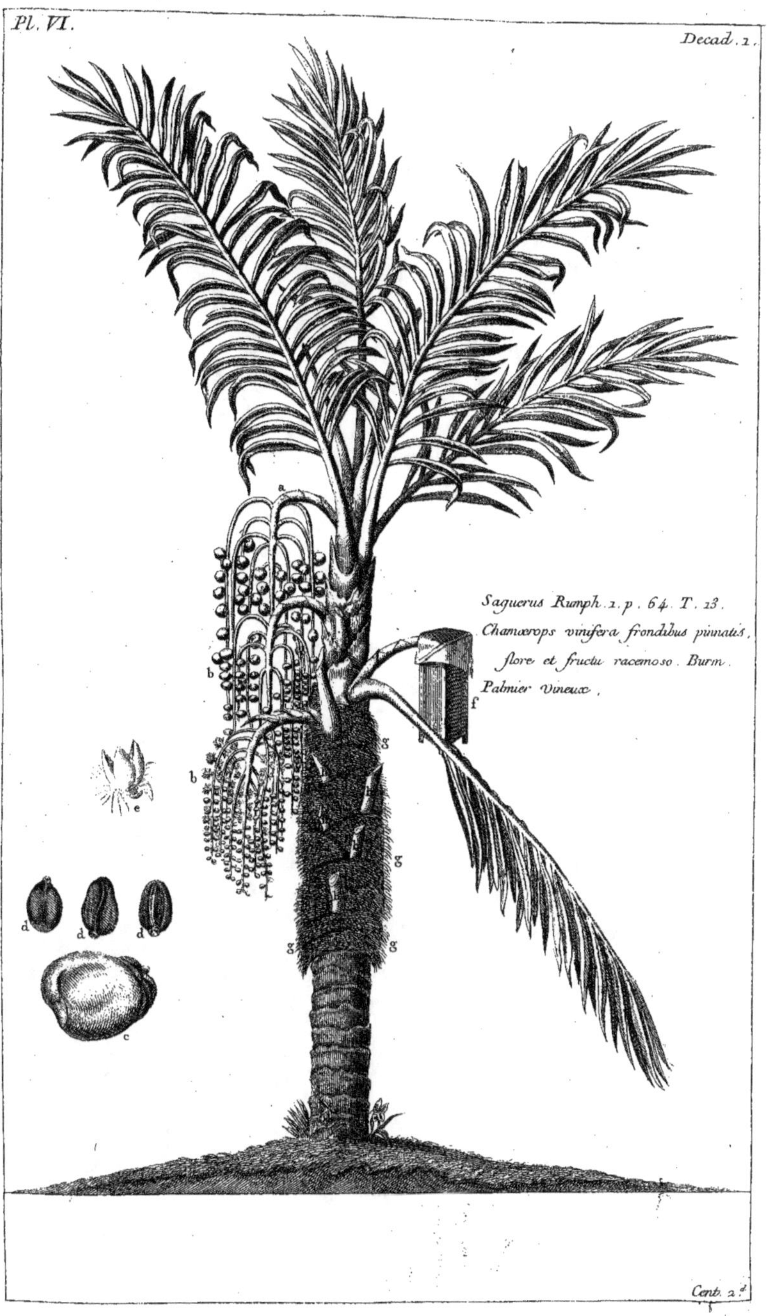
Saguerus Rumph. 1. p. 64. T. 13.
Chamærops vinifera frondibus pinnatis,
flore et fructu racemoso. Burm.
Palmier Vineux.

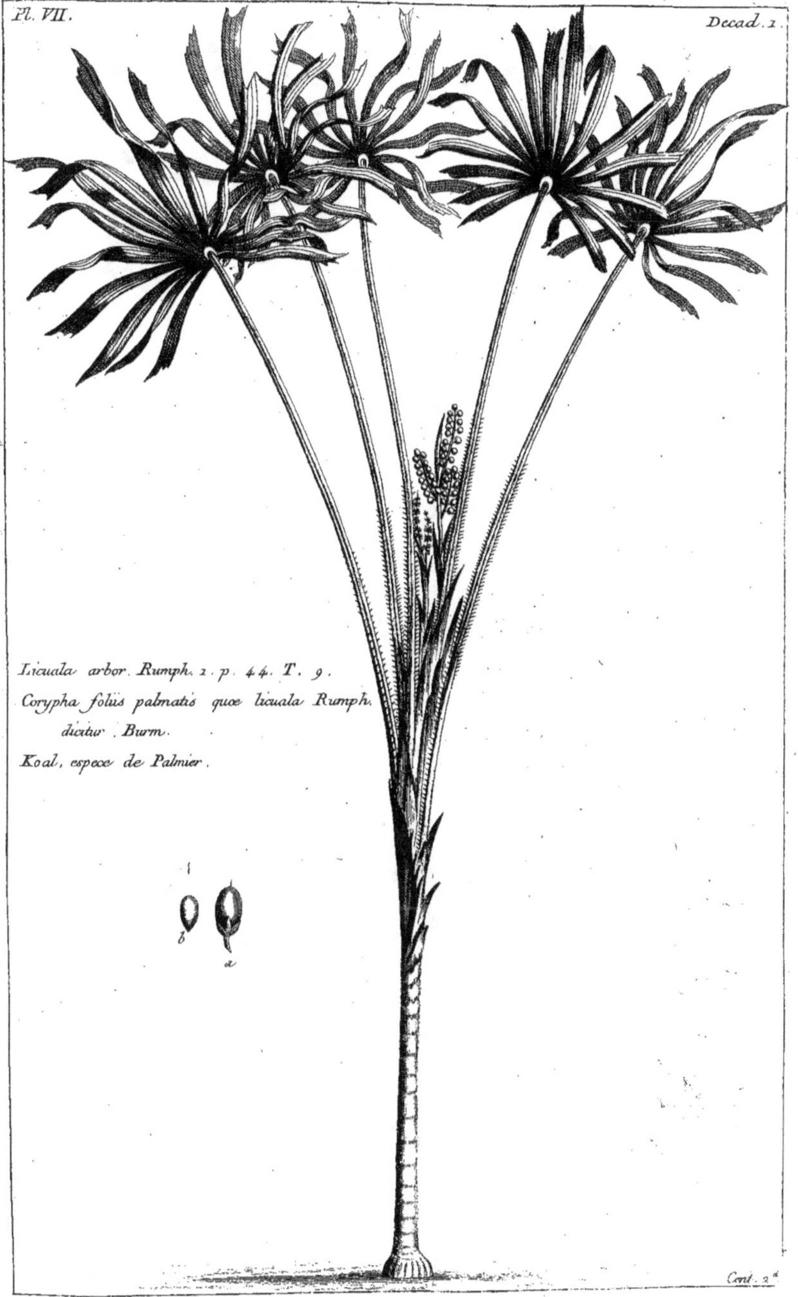

Licuala arbor. Rumph. 2. p. 44. T. 9.
Corypha foliis palmatis quœ licuala Rumph.
dicitur. Burm.
Koal, espece de Palmier.

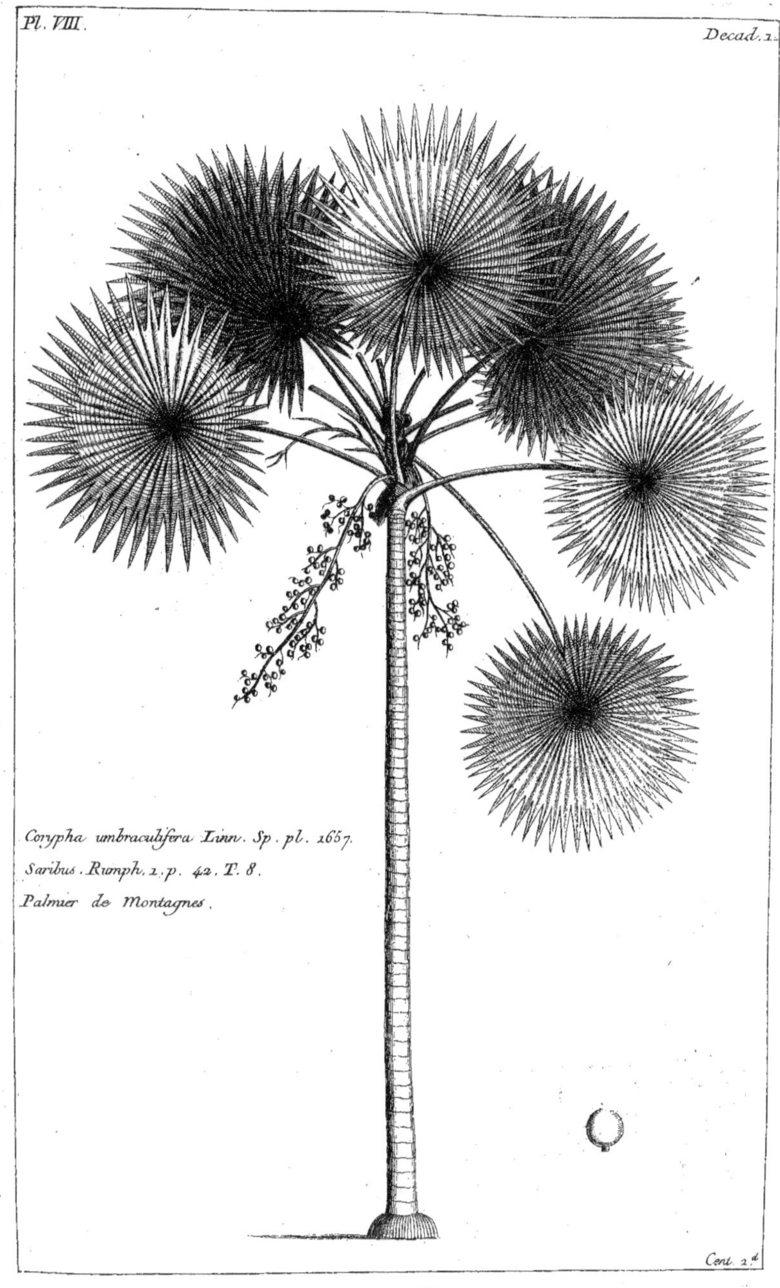
Corypha umbraculifera Linn. Sp. pl. 1657.
Saribus. Rumph. 1. p. 42. T. 8.
Palmier de Montagnes.

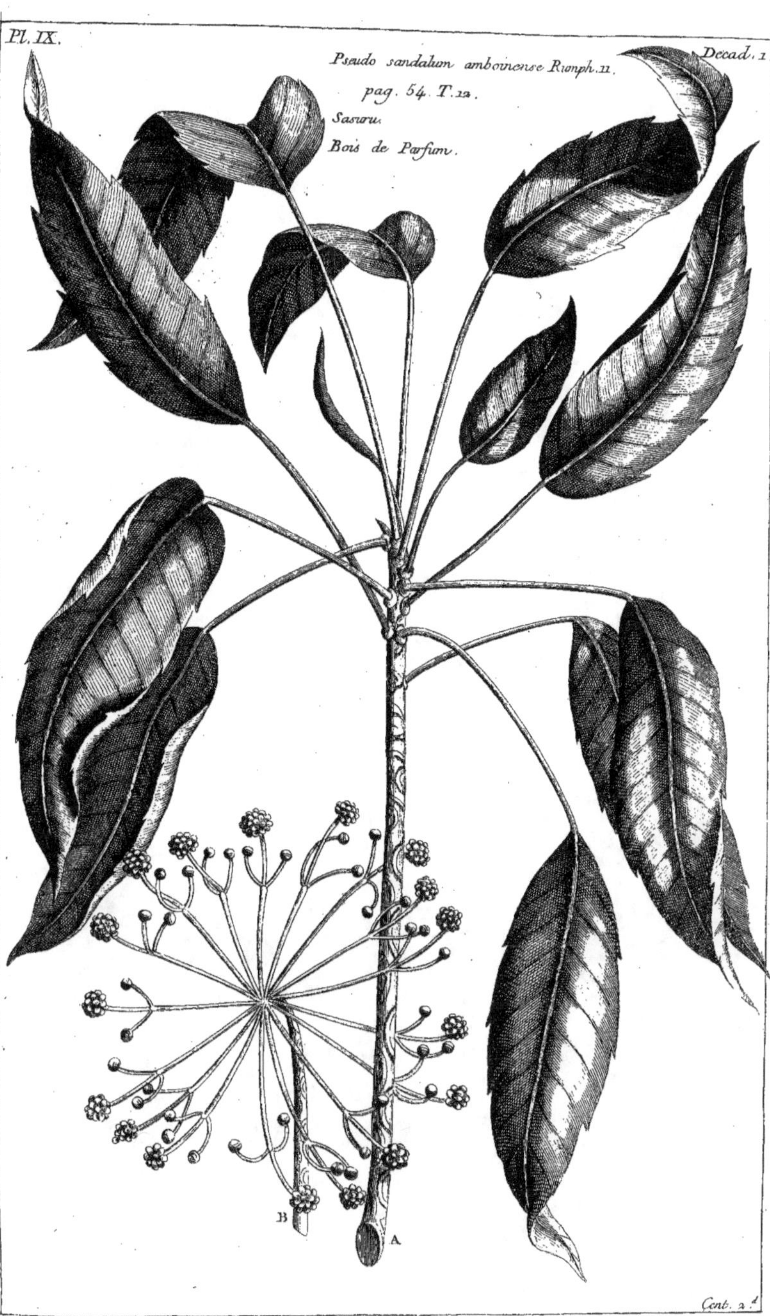
Pseudo sandalum amboinense Rumph. II.
pag. 54. T. 12.
Sasuru.
Bois de Parfum.
Pl. IX.
Decad. 1.
B
A
Cent. 2.

Myrtus amboinensis Rumph. 2. p. 78. dec. 28.
Hulong.
Myrthe d'Amboine.

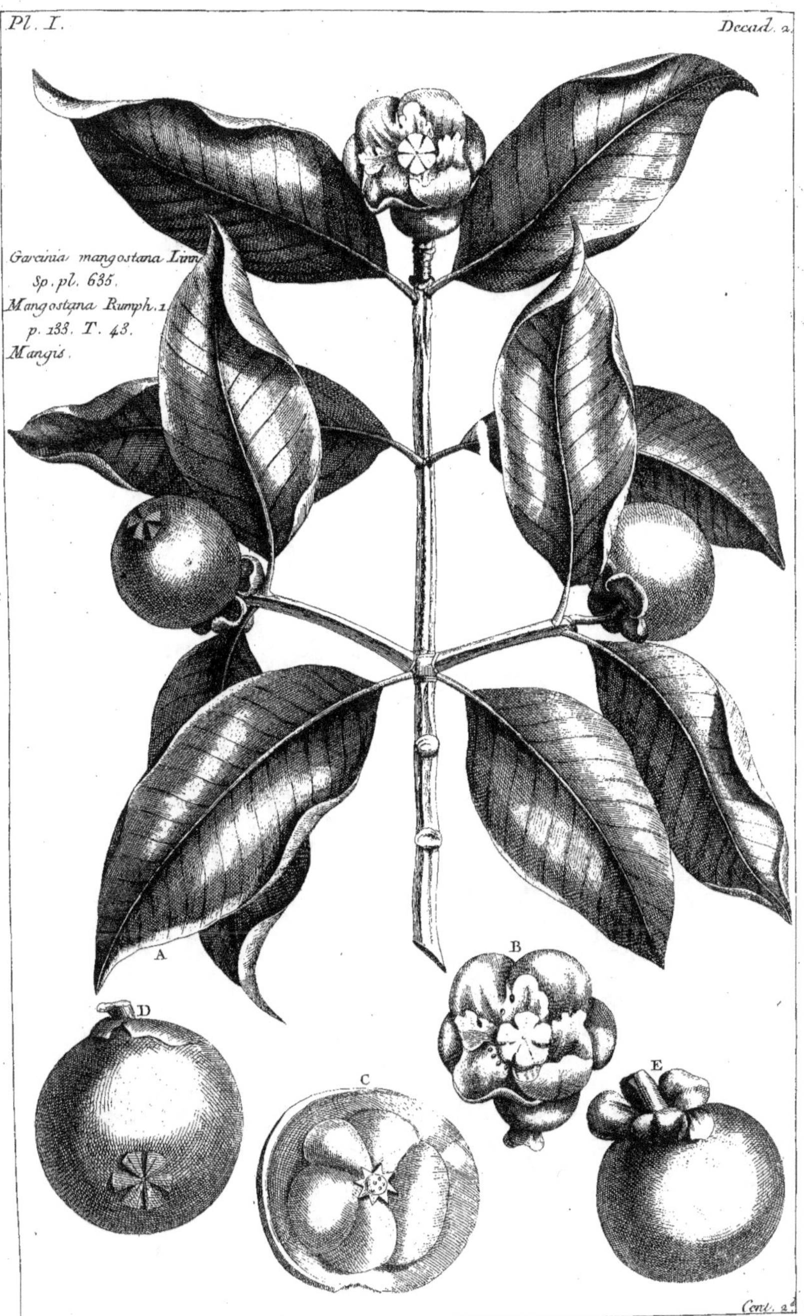
Garcinia mangostana Linn.
Sp. pl. 635.
Mangostana Rumph. 1.
p. 133. T. 43.
Mangis.
A
D
B
C
E

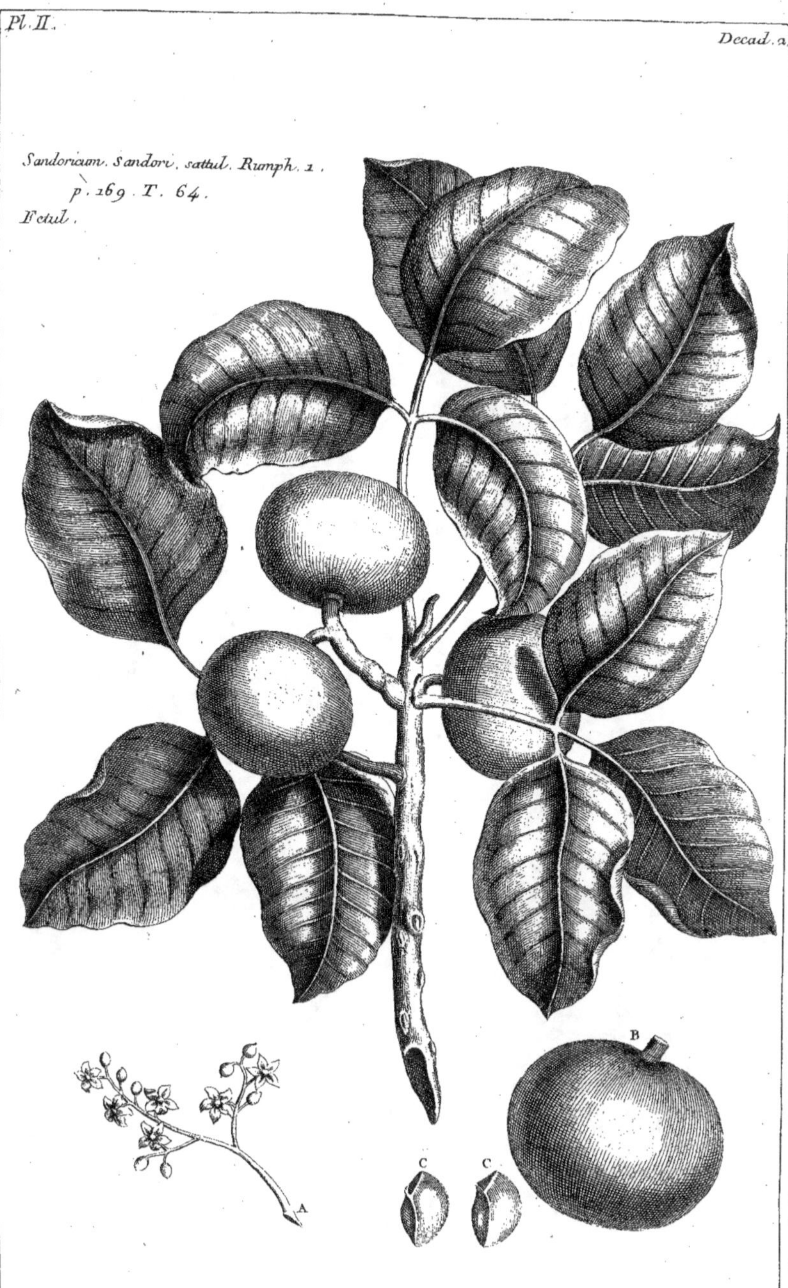

Sandoricum. Sandori. sattul. Rumph. 1.
p. 169. T. 64.
Fctul.
A
B
C   C

Condondum malaccense. mudu. Rumph. 1.
p. 163. T. 61.
Cat-ambolam. hort. mal. p. 1. pag. 93.

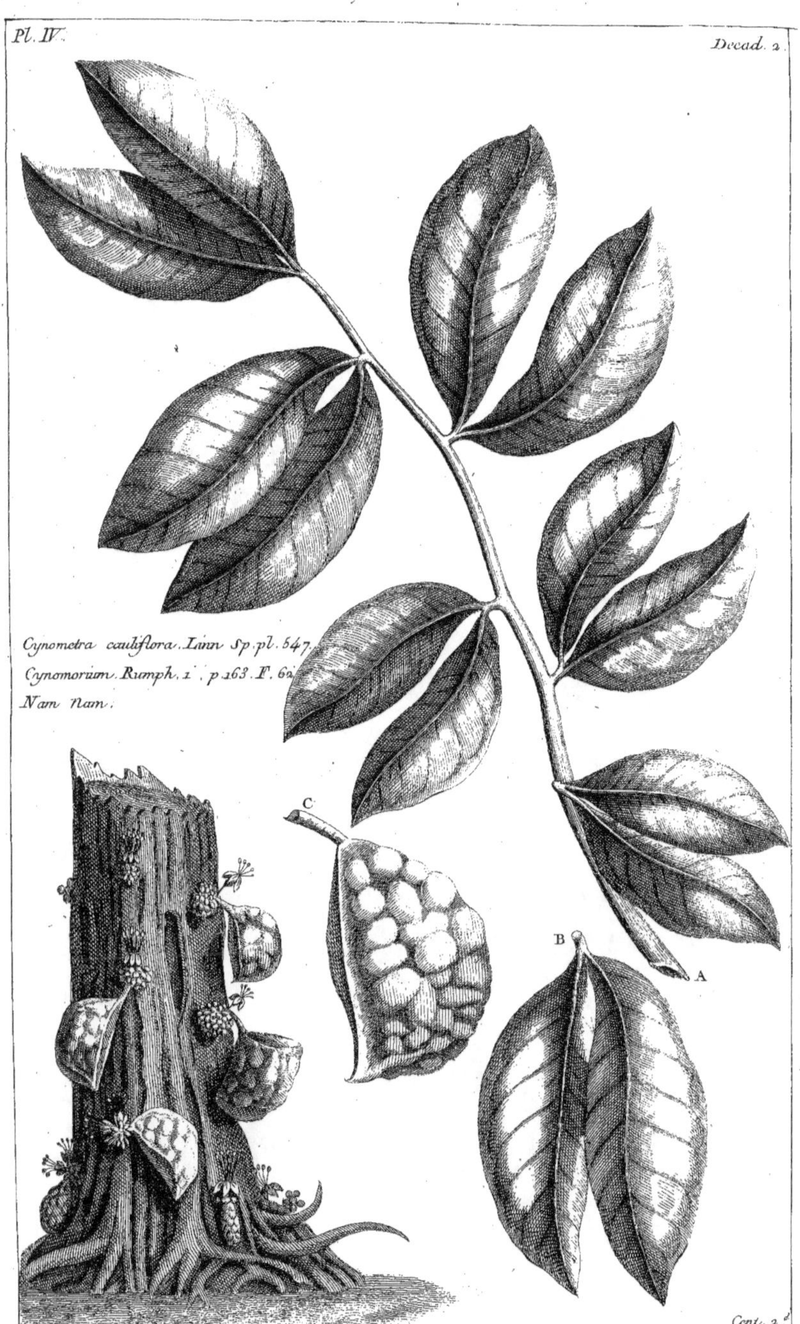
Cynometra cauliflora. Linn Sp.pl. 547.
Cynomorium. Rumph. 1. p.163. F. 62.
Nam nam.
C
B
A

Pl. V.
Decad. 2.
Æschynomene grandiflora. Linn. Sp. pl. 1060.
Turia Rumph. 1. p. 190. T. 76.
Agaty.
B
A
Cent. 2.d

Lansium sylvestre. Rumph. 1. p. 163. T. 55.
Wilde-lansie-boom. valent. p. 165.
Lansa utan.

Fig. 1. Papaja Sylvestris seu papaja
utan. Rumph. 1. p. 151. T. 53.
Fig. 2. Papaja littorea bœronensis
attchu dicta. ibid.
Papaja.
Fig. 2.
Fig. 1.

Bixa orellana. Linn. Sp. plant. 730.
Pigmentaria. Rumph. 2. p. 79. T. 19.
Arbre du Mexique à fruits de Chataigne
Arucu.
A

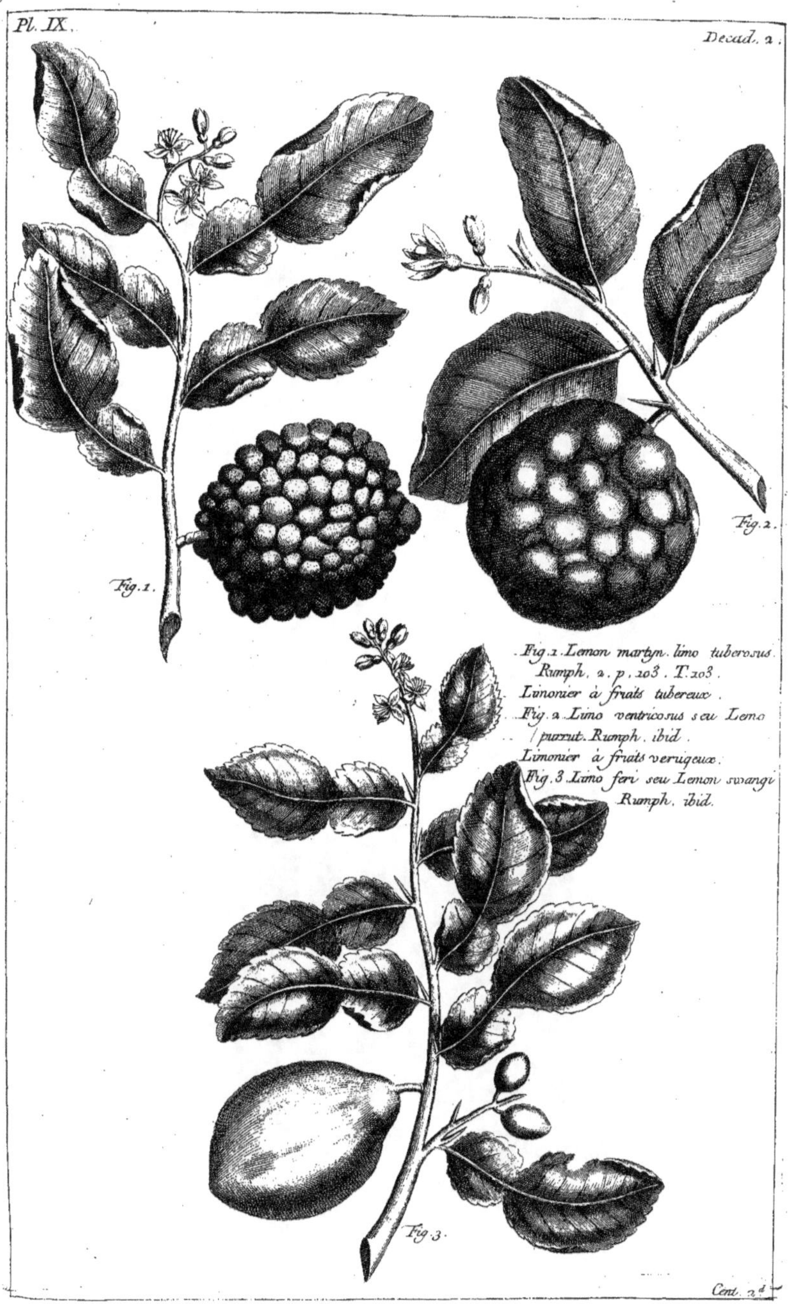

Fig. 1.
Fig. 2.
Fig. 3.
Fig. 1. Lemon martyn. limo tuberosus.
Rumph. 2. p. 103. T. 103.
Limonier à fruits tubereux.
Fig. 2. Limo ventricosus seu Lemo
purrut. Rumph. ibid.
Limonier à fruits verruqeux.
Fig. 3. Limo feri seu Lemon swangi
Rumph. ibid.

Caju galedupa Rumph. 2.
p. 61. T. 13.
B
B
A

Fig. 1. Salvia Syriaca.
Salvia caule fructicoso foliis ovato-lineatis
crenatis rugosis hirsutis. arduin. p. 9. T. 1.
Sauge de Syrie.
Fig. 2. Salvia serotina.
Salvia foliis cordato-ovatis serratis rugosis
bracteis sub verticillis florum senis, calycibus
tridentatis. arduin. p. 10. T. 2.
Sauge tardive.
Fig. 2.
Fig. 1.
Cent. 2.d
Cl. Fessard, Sculp.

Pl. II.
Decad. 3.
Salvia Coccinea.
Sauge couleur d'Ecarlatte.
Cent. 2.d
A. Fessard. Sculp.

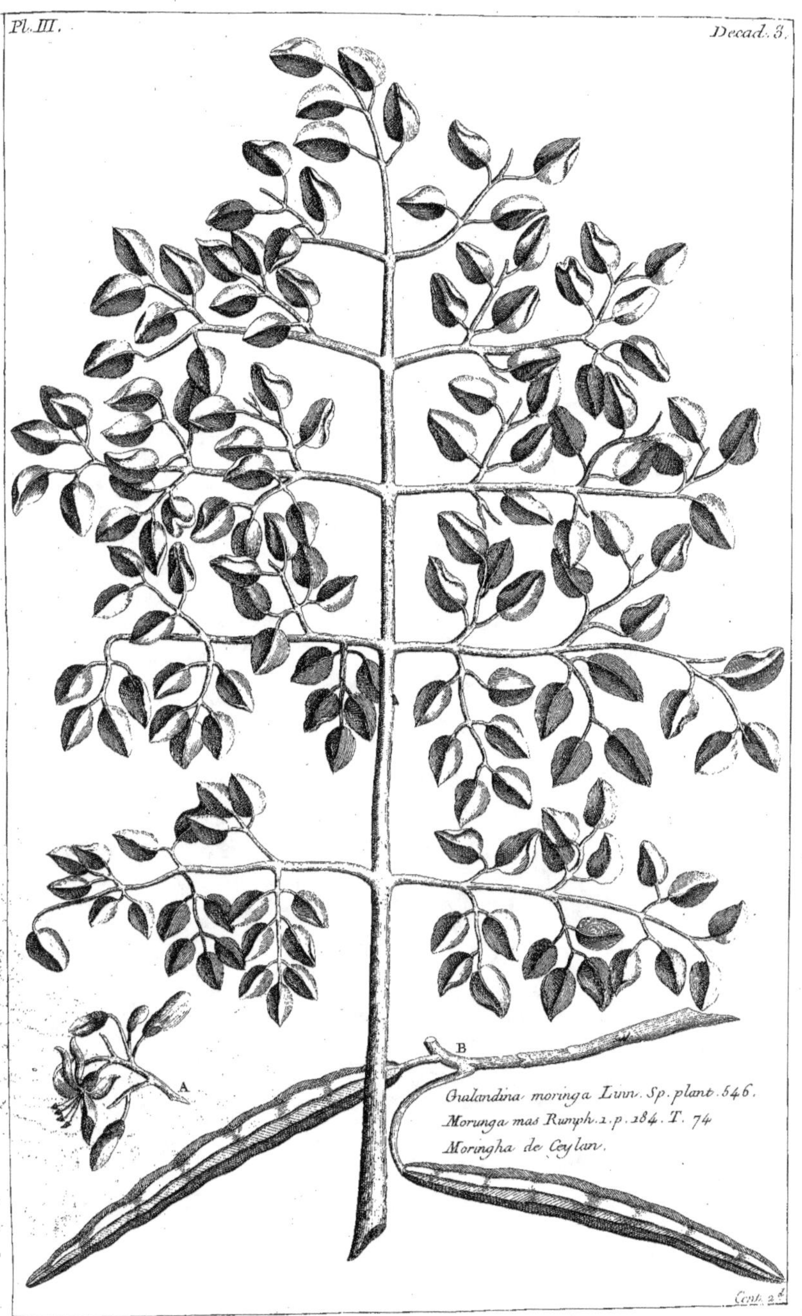

Pl. III.
Decad. 3.
B
A
Gualandina moringa Linn. Sp. plant. 546.
Morunga mas Rumph. 1. p. 184. T. 74
Moringha de Ceylan.
Cent. 2.d

Spondias lutea Linn. Sp. plant. 612.
Monbin arbor folio fraxini flore luteo
    racemosa plum. gen. 44.
Condondum. Rumph. 1. p. 262. T. 72.
Prune d'Amerique.

Pomum draconum Sylvestre. Rumph. 1.
p. 160. T. 59.
Arbor draconum Sylvestre. valent.
p. 170.
Boa Coan.
A

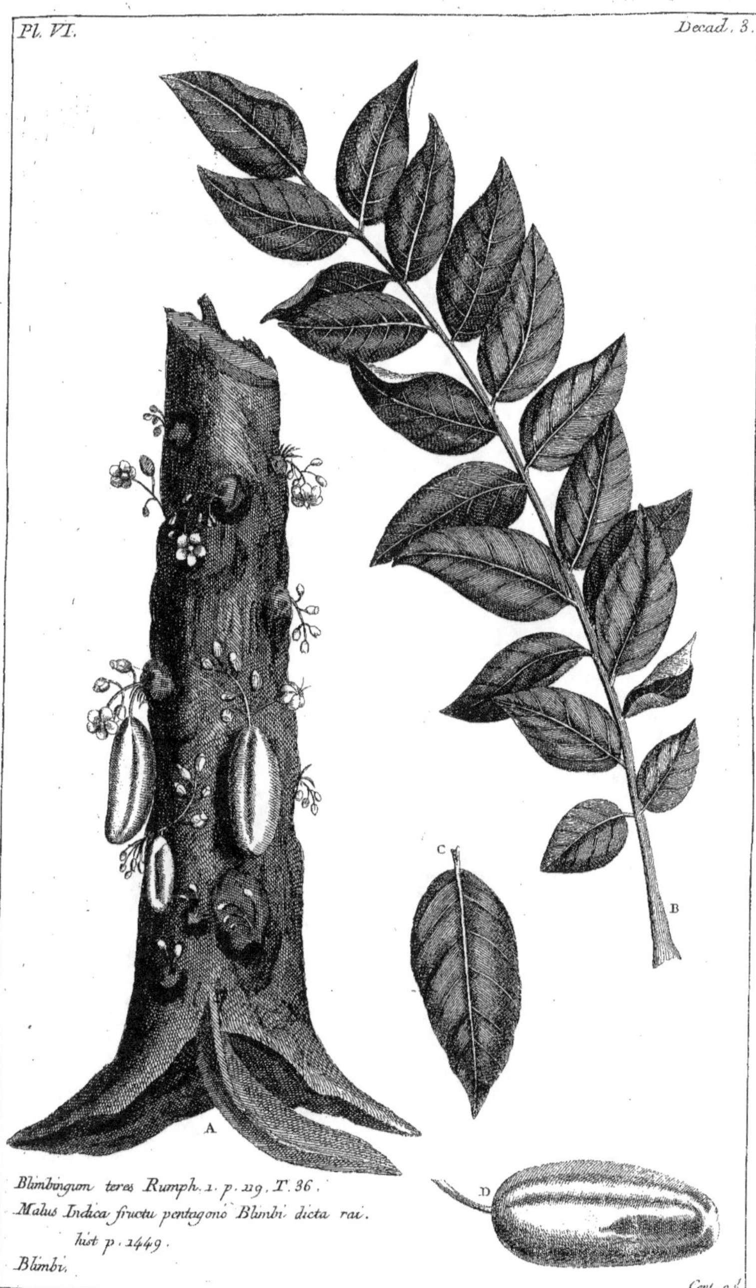

Blimbingium teres Rumph. 1. p. 219. T. 36.
Malus Indica fructu pentagono Blimbi dicta rai.
hist p. 1449.
Blimbi.

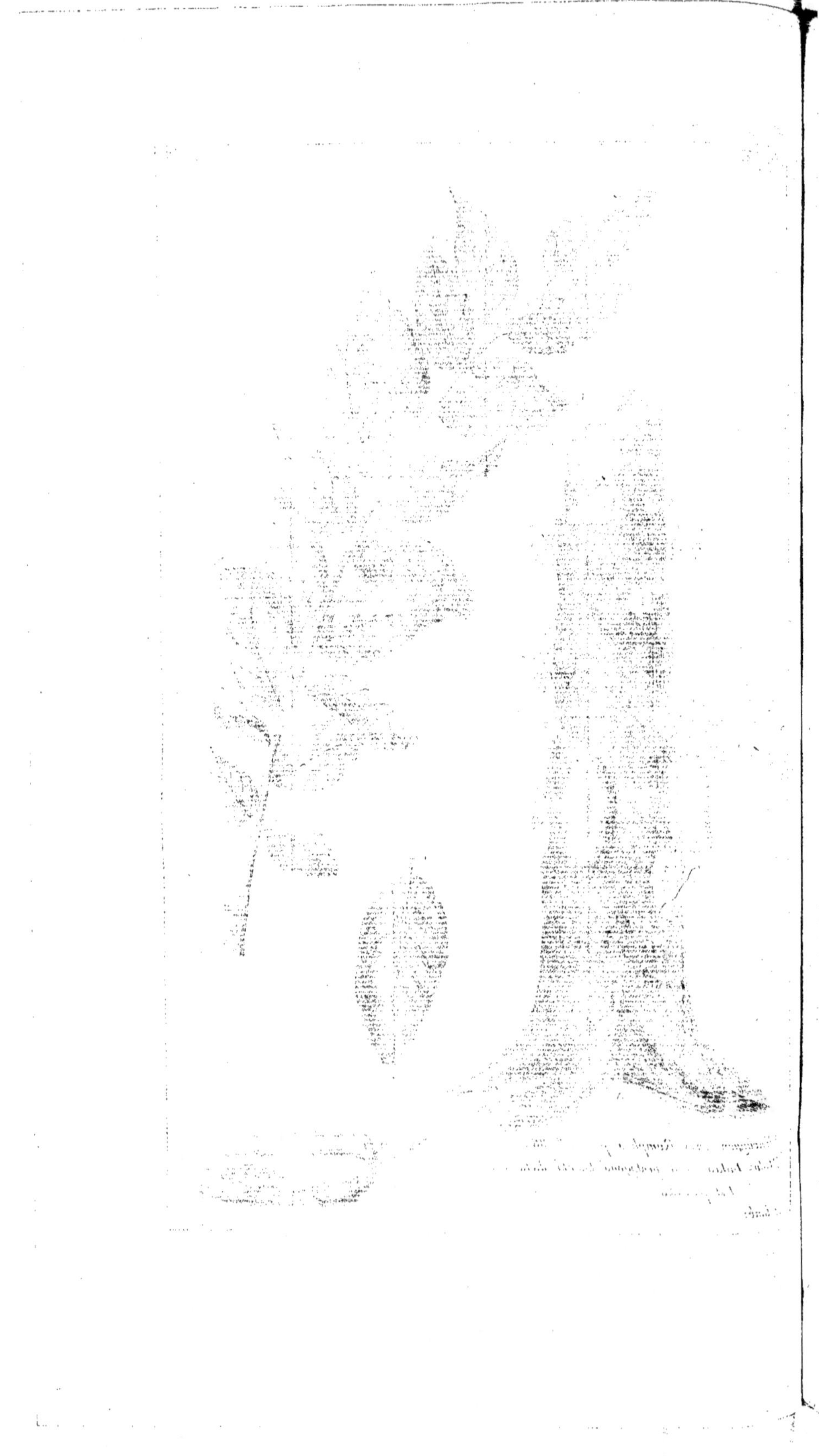

Soccus granosus Rumph. 1. p. 11a. T. 33.
Soccan Bidji.

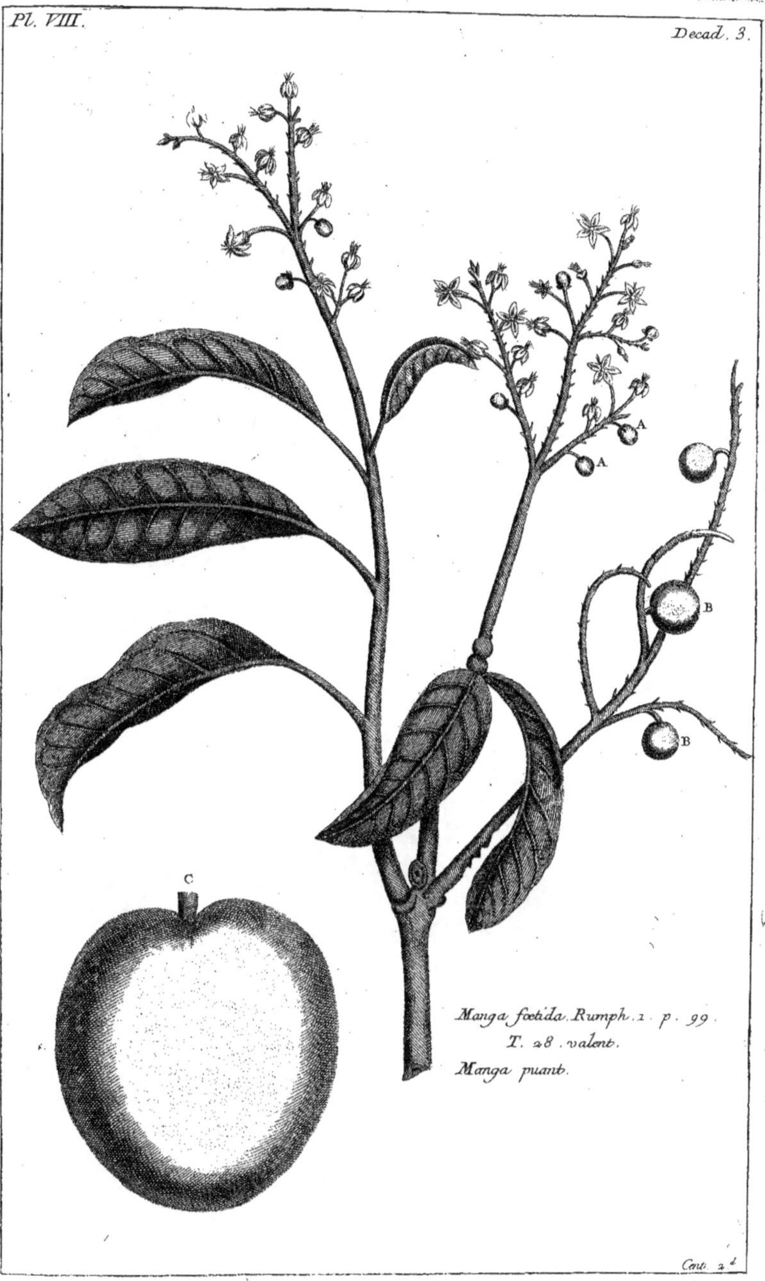

A
A
B
B
C
Manga fœtida. Rumph. 1. p. 99.
T. 28. valent.
Manga puant.

Palala minima. Rumph. a. p. 28. T. 7.
Nux Moschata Sylvestris foliis oblongo-
acutis fructibus minimis. Burm.
Muscade sauvage.
A
B
Cent. 2.

Laurus fructu monstroso et spongioso, cortice
aromatico caryophyllæo. Burm.
Culit lawan. Rumph. 2. p. 69. T. 24.
Ecorce aromatique.
A

Cont. 2.^d

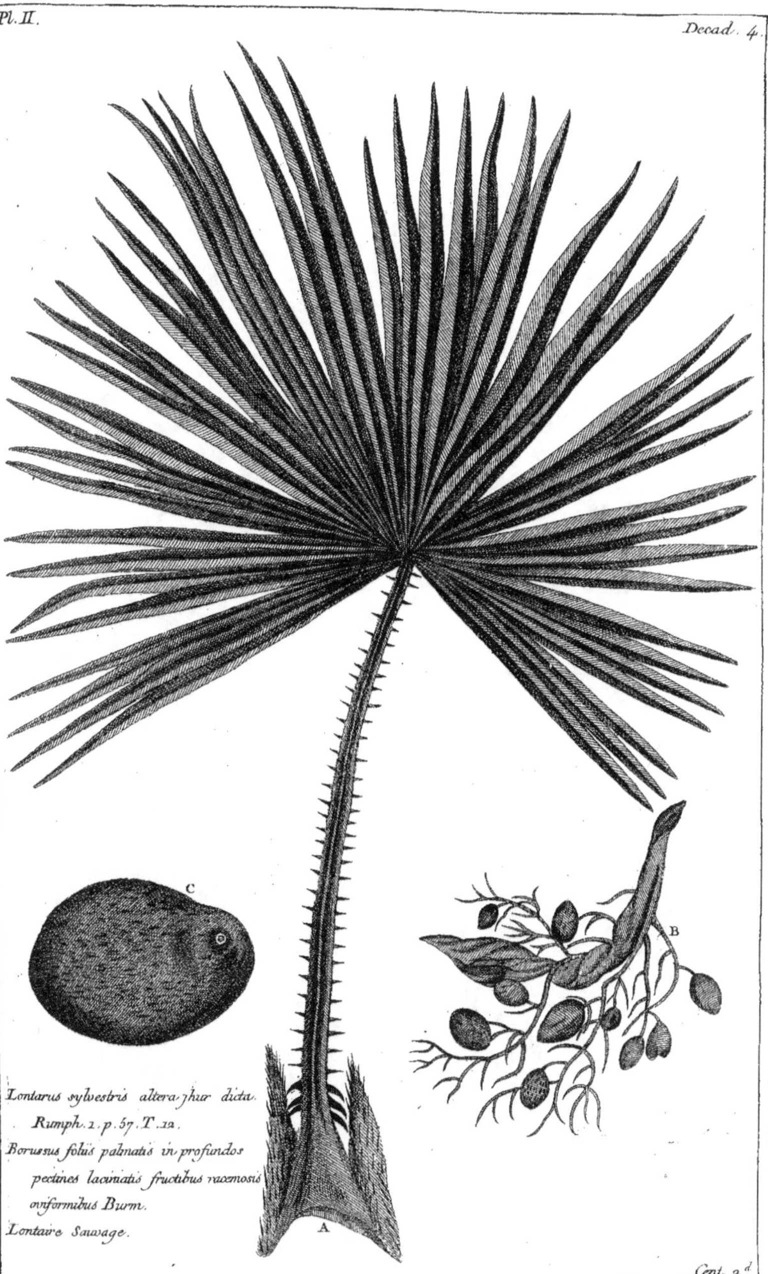

Pl. II.
Decad. 4.
C
B
A
Lontarus sylvestris altera jhur dicta.
Rumph. 1. p. 57. T. 12.
Borassus foliis palmatis in profundos
pectines laciniatis fructibus racemosis
oviformibus Burm.
Lontaire Sauvage.
Cent. 2ᵈ

Fig. 1. *Olus album insulare seu sagor puti pulo*
Rumph. T. 1. p. 193. T. 79.
Plante potagere des Isles.
Fig. 2. *Sagor volubilis fructibus corniculatis quœ sagor
baguala incolis dicitur* Rumph. ibid.
Sagor à friats cornus

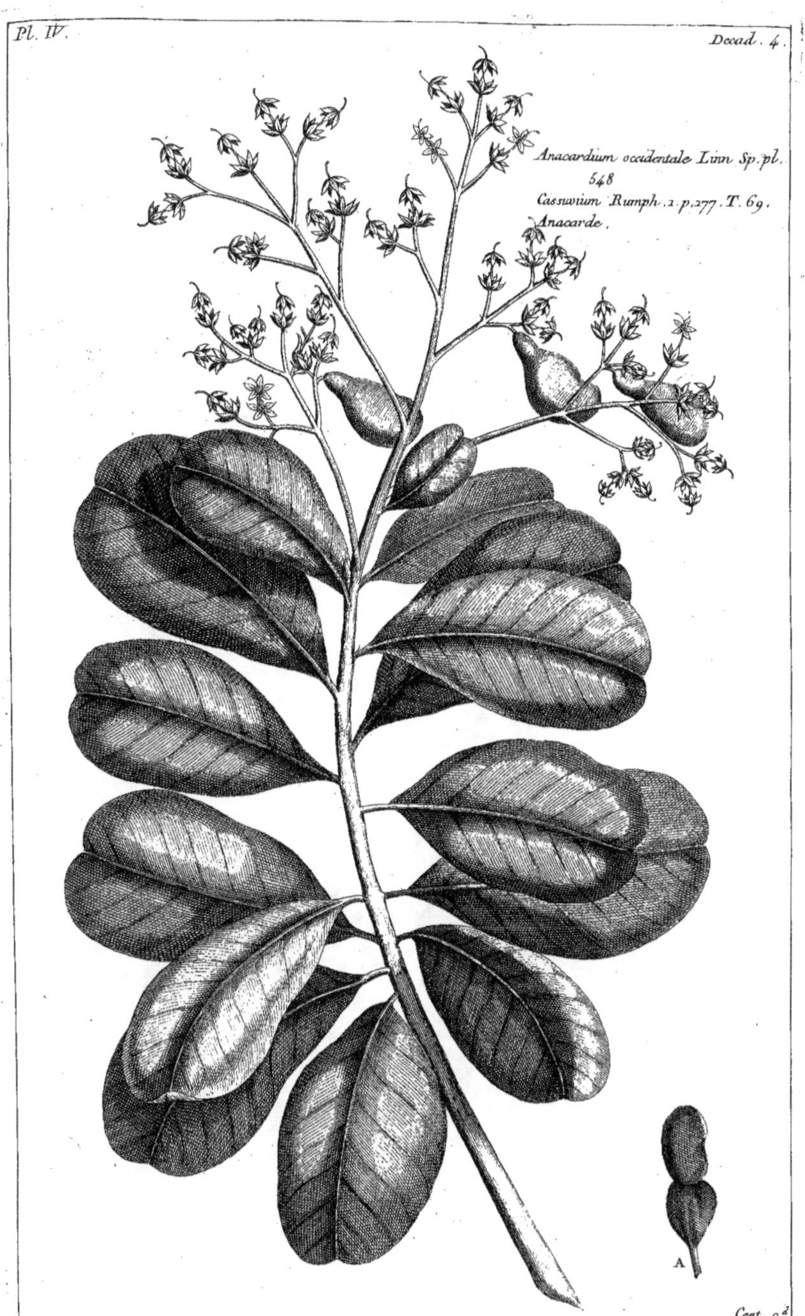
Anacardium occidentale Linn Sp. pl.
548
Cassuvium Rumph. 1. p. 277. T. 69.
Anacarde.
A

Gnemon domestica mas. Rumph. 1. p. 183. T. 71.
Arbor baccifera Indica, flore composito rai. hist.
        plant. p. 1637.

Gnemon.

Cassuvium sylvestre Rumph. 1.
p. 181. T. 70.
Anacarde Sauvage.
Cent. 2.d

Pl. VII.
Decad. 4.
Manga Sylvestris, Rumph. 1. p. 97.
T. 26.
Manga Indica, fructu magno reniformi
rai hist pl. p. 150.
Manga pau.
A
B
Cent. 2.d

Palala 2do. Rumph. 1. p. 26. T. 6.
Nux moschata Sylvestris foliis lanceolatis integris
palala bulong incolis dicta Burm.
Noix Muscade Sauvage.
A

Caryophyllus aromaticus Linn. Sp. plant. 735.
Caryophyllus Rumph. 2. p. 1. T. 1.
Gerofter.

Cont. 2.ᵈ

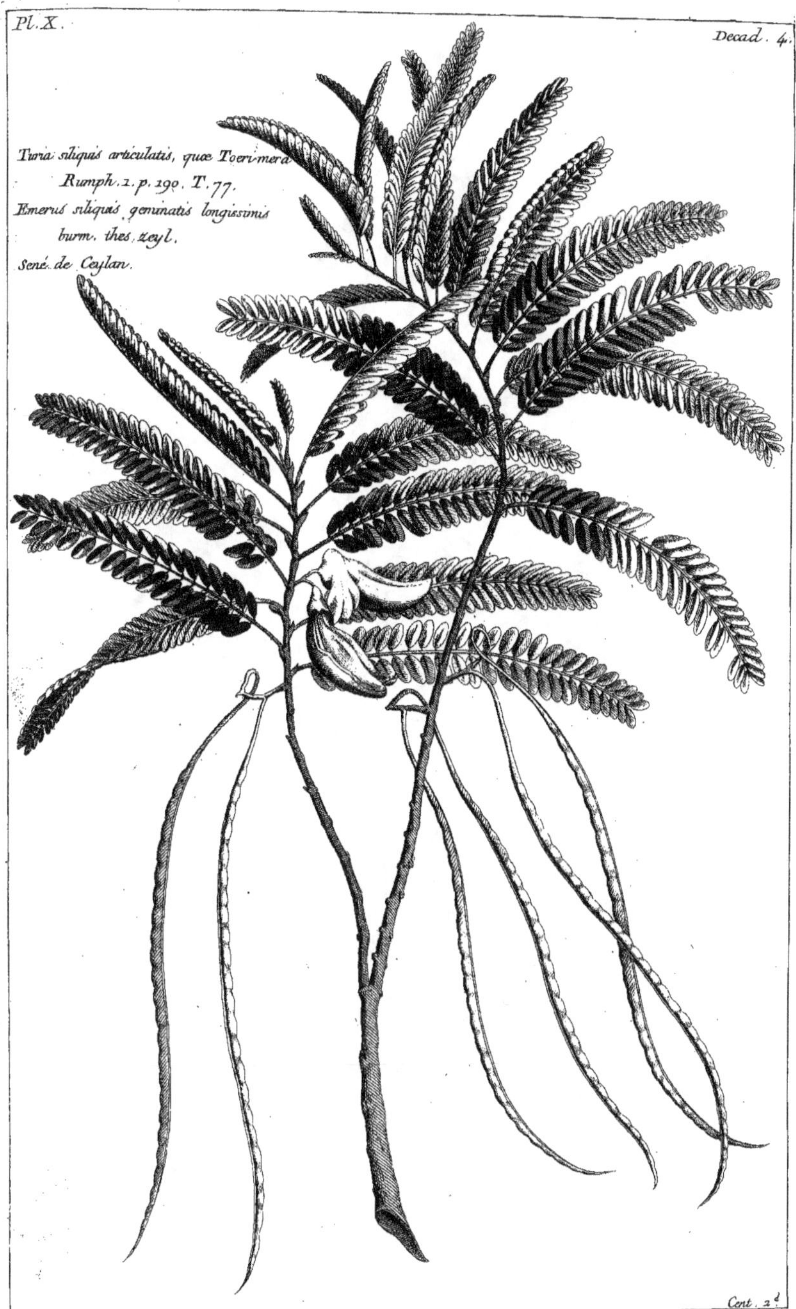
Turia siliquis articulatis, quæ Toeri-mera
Rumph. 1. p. 190. T. 77.
Emerus siliquis geminatis longissimis
burm. thes. zeyl.
Sené de Ceylan.

Pl. I.
Decad. 6
Ononis Crispa. linn. Sp. plant. 1010.
Anonis Hispanica frut   folio
rosæ sylvestris. Tour. 409.
Arrete bœuf d'Espagne.
Prevost Pinx.
Fessard de la Bibliothecc du Roi Sculp. Cent. 2.

Cent. 2.

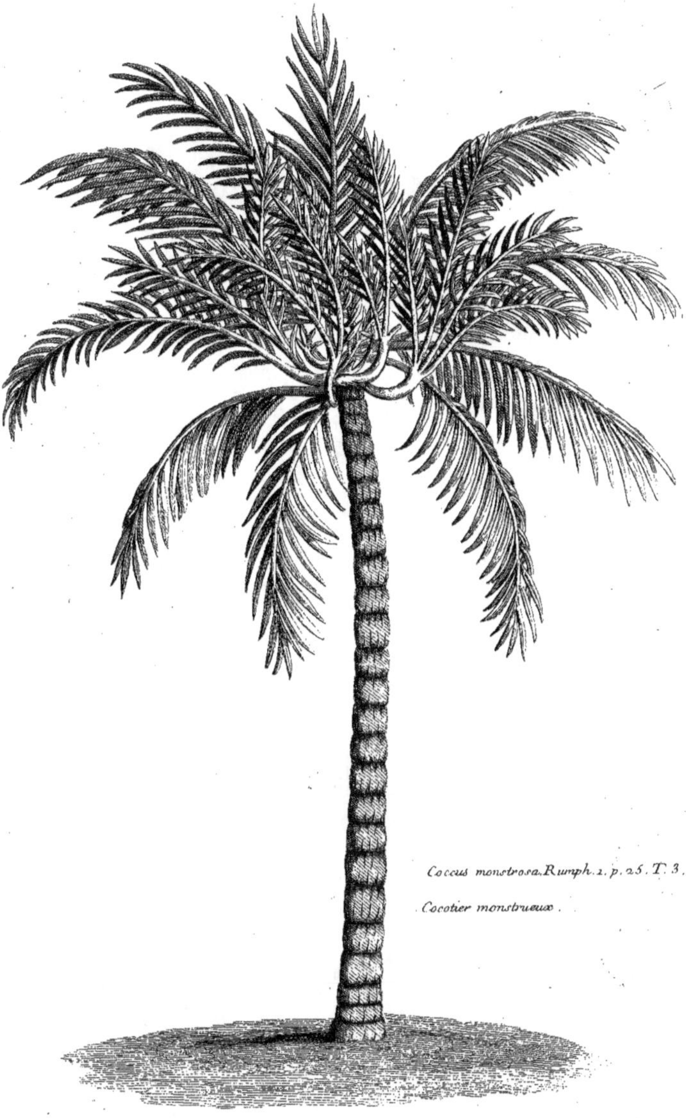

Coccus monstrosa. Rumph. 1. p. 25. T. 3.
Cocotier monstrueux.

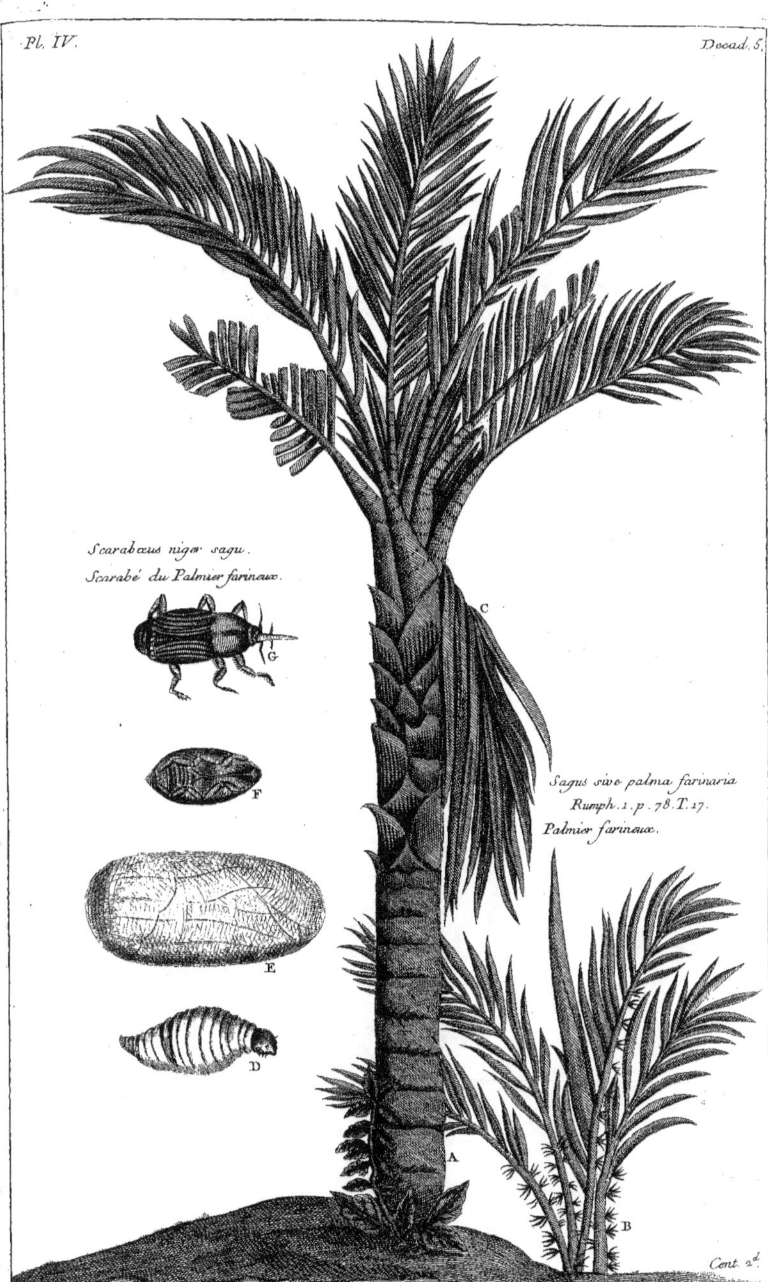

Scarabæus niger sagu.
Scarabé du Palmier farineux.
G
F
E
D
C
Sagus sive palma farinaria
Rumph. 1. p. 78. T. 17.
Palmier farineux.
A
B
Cent. 2d.

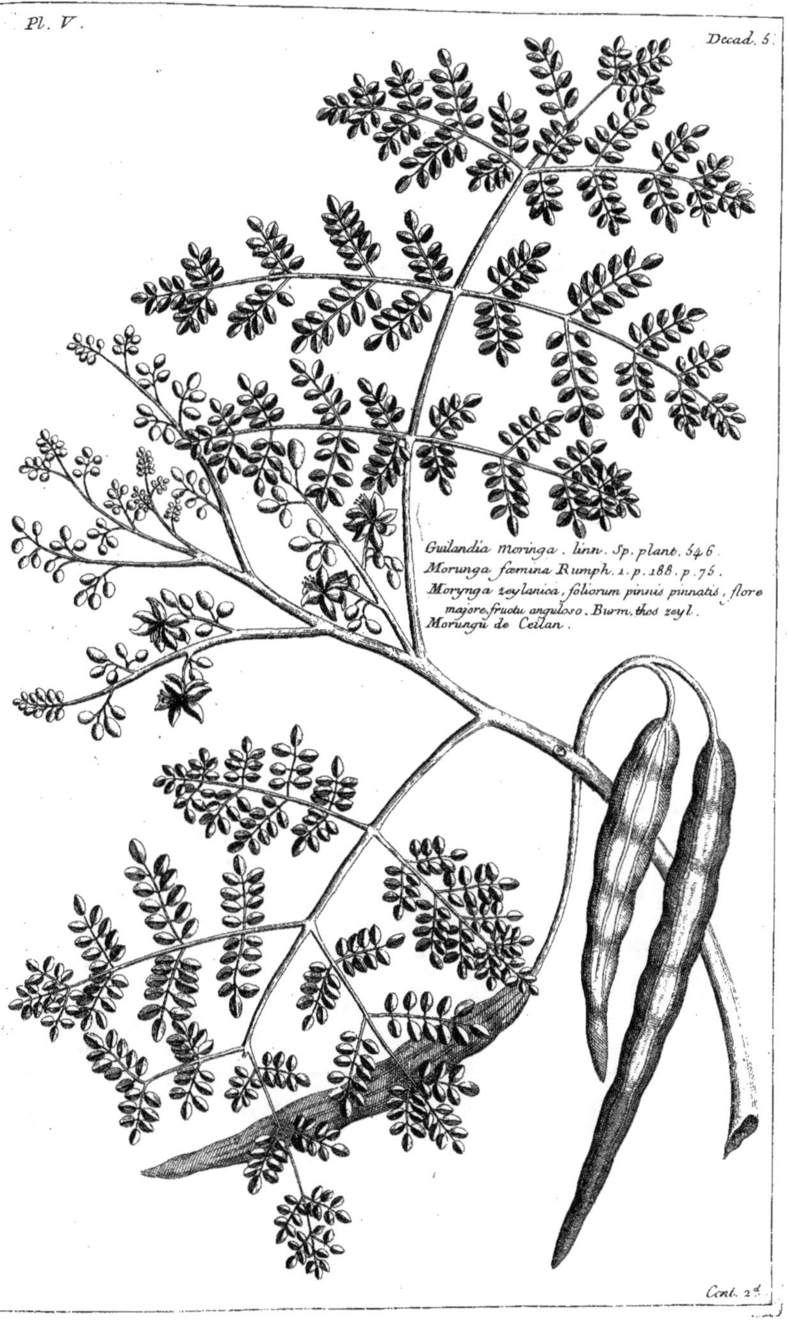

Guilandia moringa . linn . Sp. plant. 546.
Morunga fæmina Rumph. 1. p. 188. p. 75.
Morynga zeylanica, foliorum pinnis pinnatis, flore
majore, fructu anguloso. Burm. thes zeyl.
Morungu de Ceilan.

Mangifera Indica linn. Sp. plant.
290.
Manga domestica. Rumph. 1. p. 93. T. 25.
Manghos.
A
B

Cent. 2

Gnemon domestica fœmina. Rumph. 1. p. 183. T. 75.
Gnemon arbor. Valent. p. 174.
Menunjo.

Cent. 2.

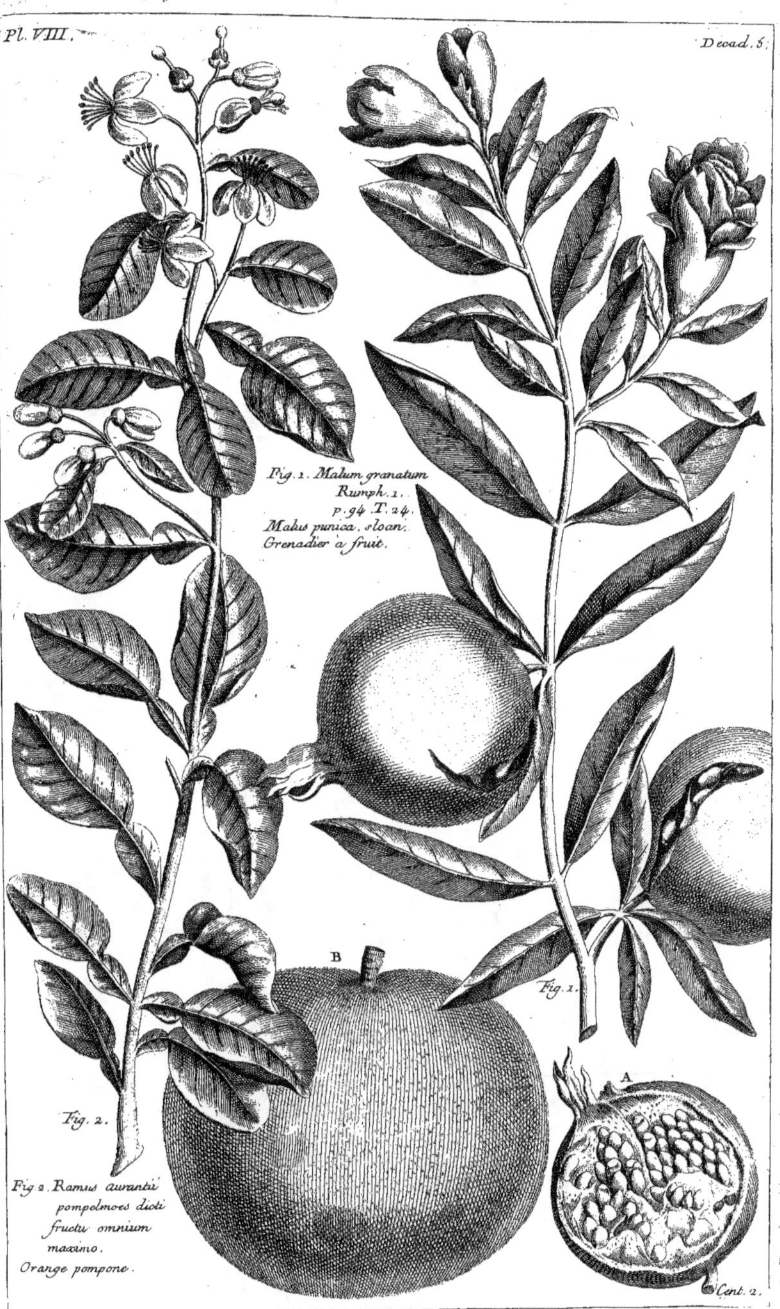

Pl. VIII.
Decad. 5.
Fig. 1. Malum granatum
Rumph. 1.
p. 94. T. 24.
Malus punica. sloan.
Grenadier a fruit.
Fig. 1.
B
A
Fig. 2.
Fig. 2. Ramus aurantii
pompolmoes dicti
fructu omnium
maximo.
Orange pompone.
Cent. 2.

Pl. IX.
Decad. 5.
Manga sylvestris Rumph. 1. p. 98. T. 27.
Manga utan.
Cent. 2.

Citrus petiolis linearibus hort. Cl. p. 379.
Citronier à fruits longs.

Cent. 2.

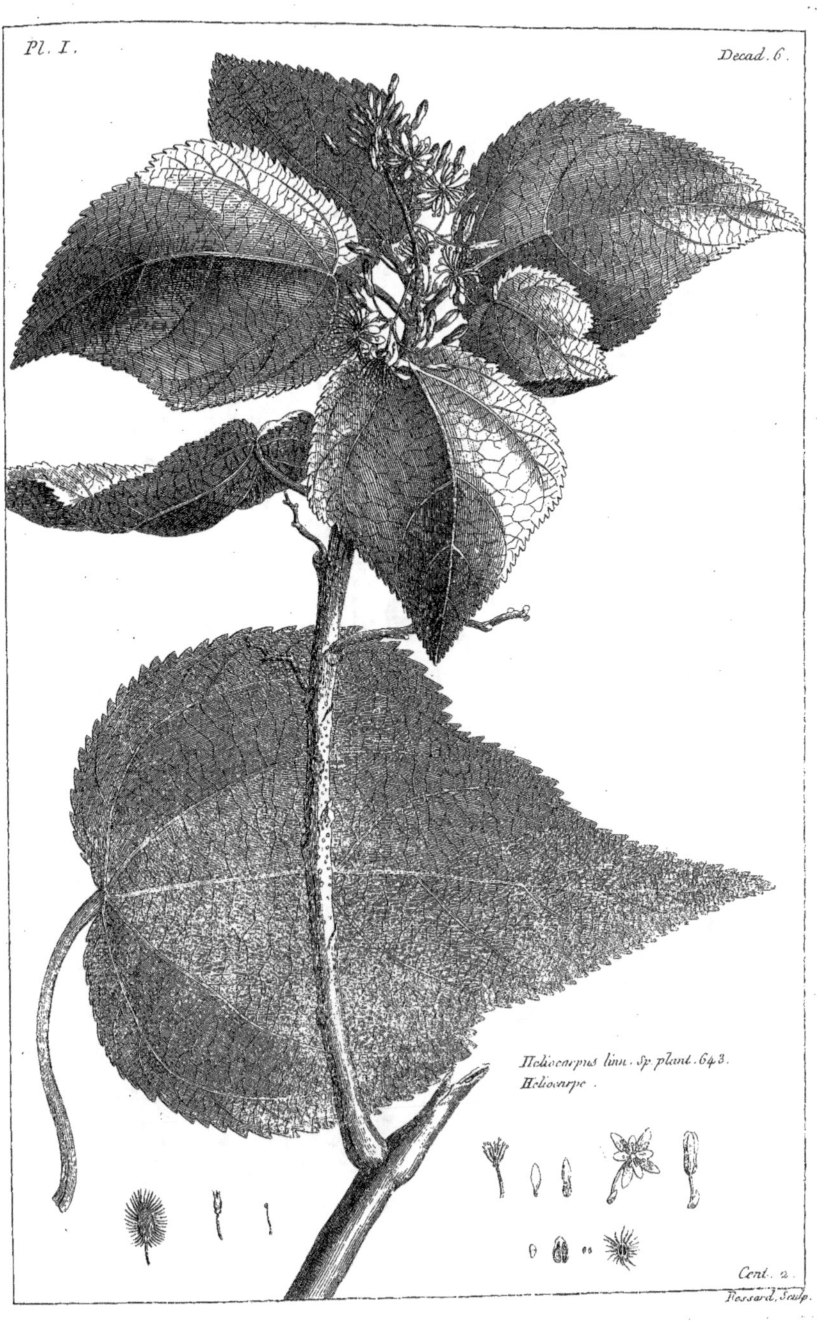

Heliocarpus linn. Sp. plant. 643.
Heliocarpe.

Pl. II.
Decad. 6.
Lilium superbum linn. Sp. plant. 434.
Lilium sive Martagon Canadense, flore luteo
punctato. catesb. car. 2. p. 56. T. 56.
Martagon de Canada.
Cont. 2.
Passard, Sc.

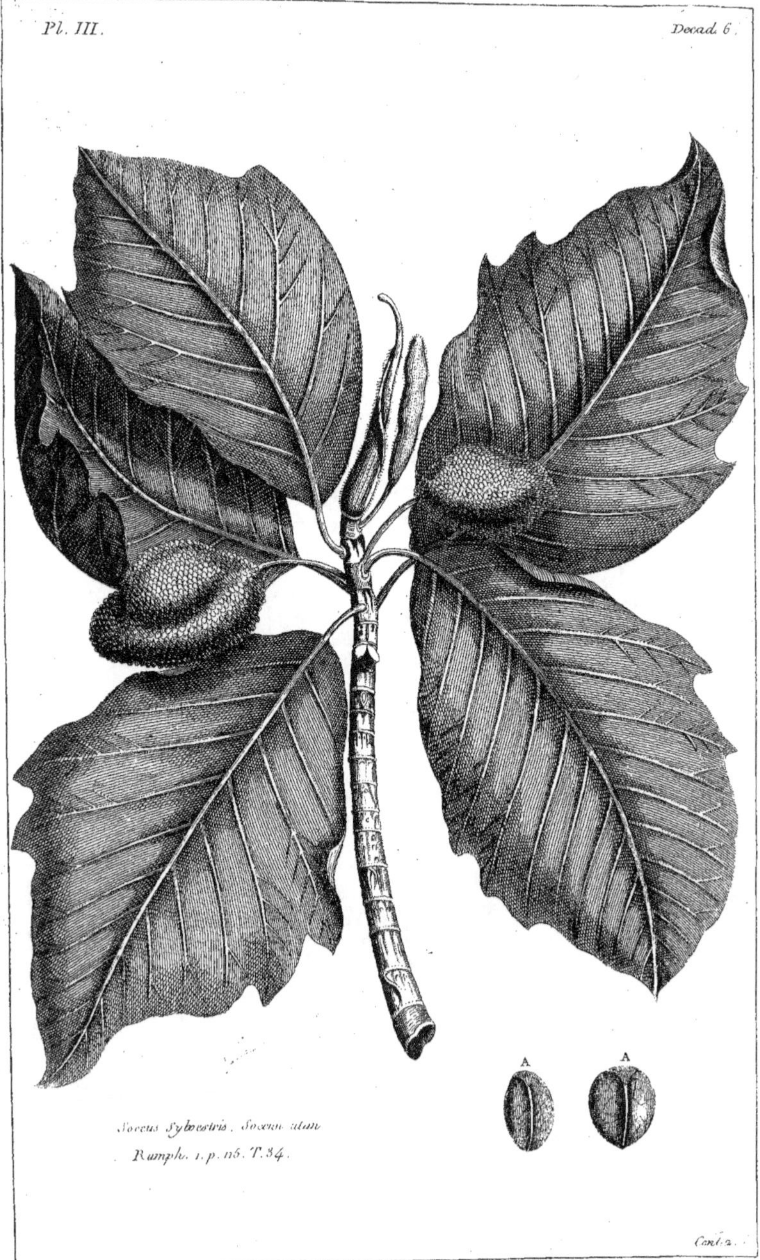

Soccus Sylvestris. Soccus atun
Rumph. 1. p. 116. T. 34.

Canli:a

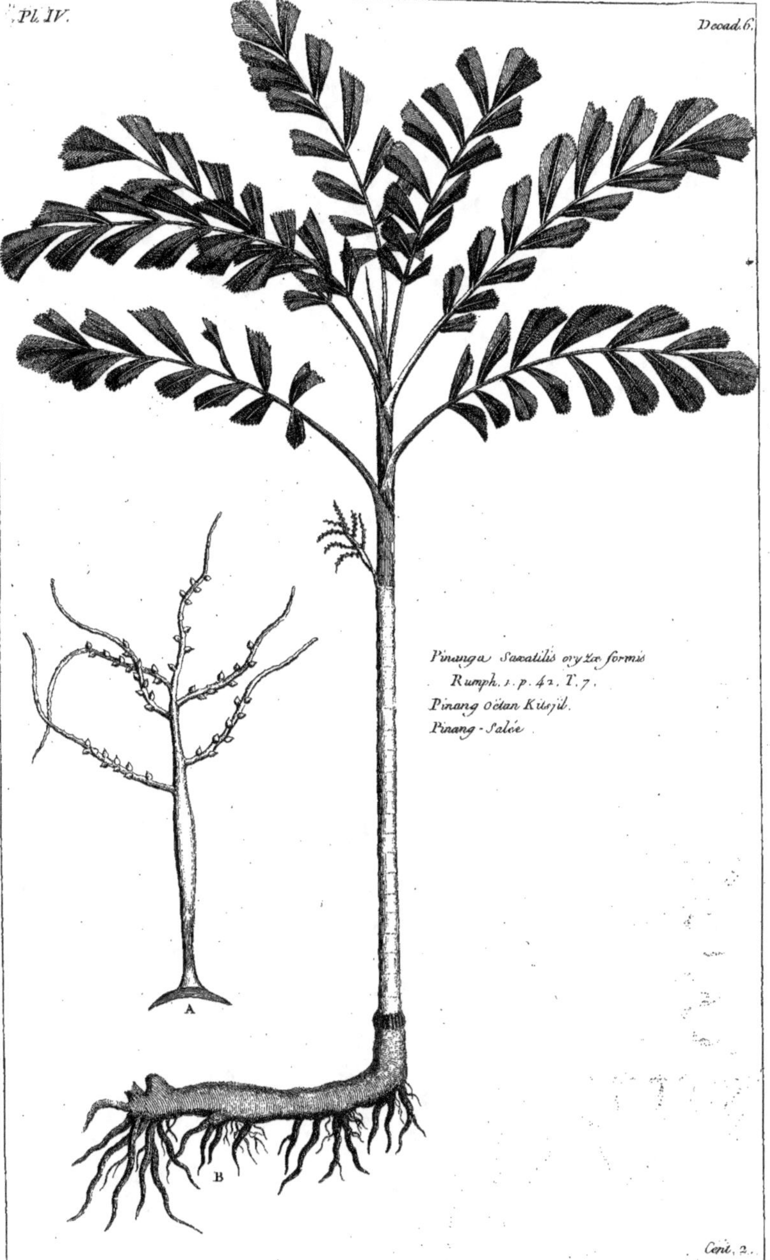

Pl. IV.
Decad. 6.
Pinanga Saxatilis oryzæformis
Rumph. 1. p. 42. T. 7.
Pinang oëtan Kitsjil.
Pinang-Salée
A
B
Cent. 2.

Pl. V.
Bilacus Bilack. Rumph. 1. p. 199. T. 81.
Covalam seu Cydonia exotica. hort. malab.
Neslier des Indes à 3. feuilles.
Decad. 6.
A
D
C
B
Cent. 2.

Fig. 1

Jambosa Ceramica Jambo
Sakelat. Rumph. 1. p. 130. T. 41.
Laynmahu.

Cent. 2.

Psidium pomiferum linn. Sp. plant. 672.
Cujavus agrestis. Rumph. 1. p. 142. T. 4.
Guajave.
B
C
A

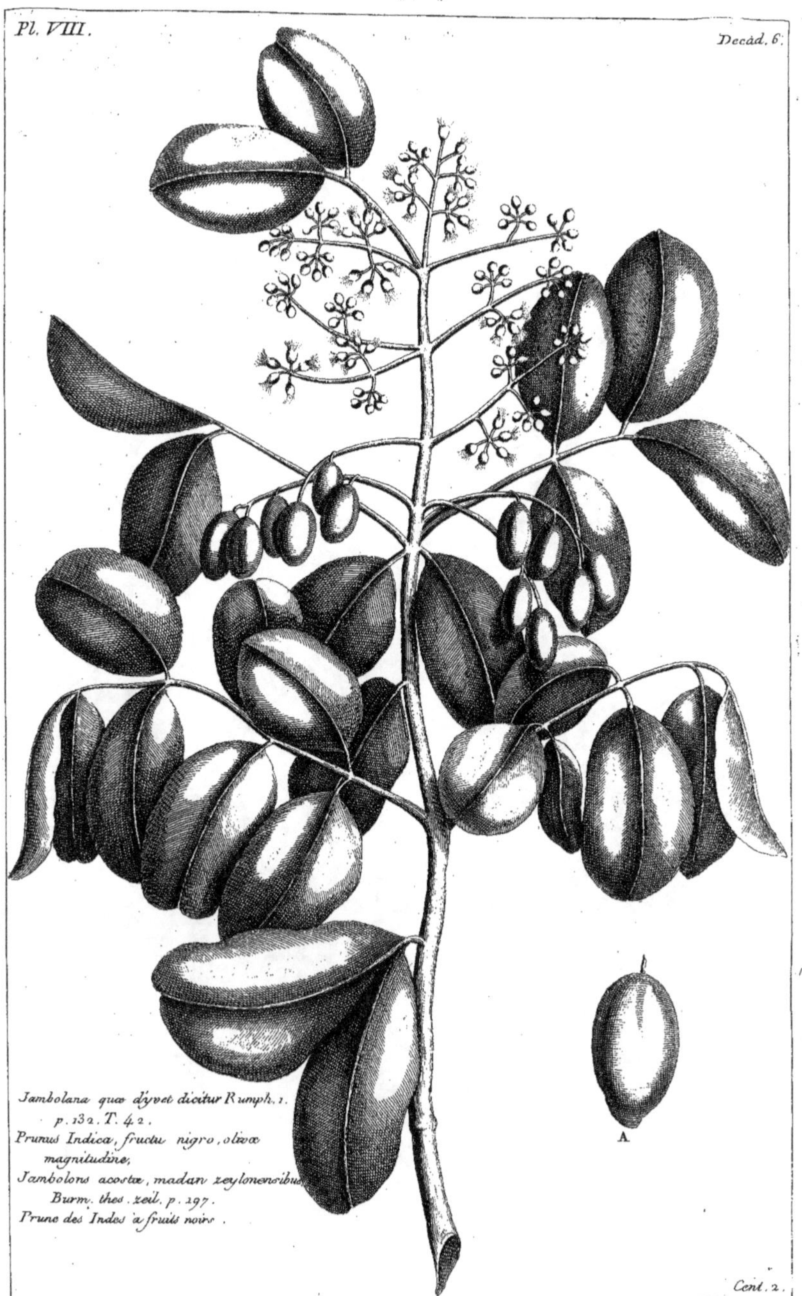

Pl. VIII.
Decad. 6.
A
Cent. 2.
Jambolana quæ d'yvet dicitur Rumph. 1.
p. 132. T. 42.
Prunus Indica, fructu nigro, olivæ
magnitudine,
Jambolons acostæ, madan zeylonensibus
Burm. thes. zeil. p. 197.
Prune des Indes à fruits noirs.

Cynomorium Sylvestre ; nam nam utan
    Rumph. 1. p. 197. T. 63.
Malus Indica pomo cucurbitæ formi,
    monopyreno. raü hist. pl. p. 1675.
Lammut · abbat.

Gnemon sylvestris; Gnemon utan.
Baccifera Indica ramosa, fructu umbilicato rotundo,
monopyreno. Ray. hist. pl. p. 1600.
Mail-kombi.

Cent. 2.

Gardenia florida Linn. Sp. plant. 1679.
Jasminum ramo unifloro plano, petalis
coriaceis. Cehert. T. 16.
Jasmin à fleurs doubles. de Malabar.

Prevost. pinx.

Cent. 2.
Fessard. Sculp.

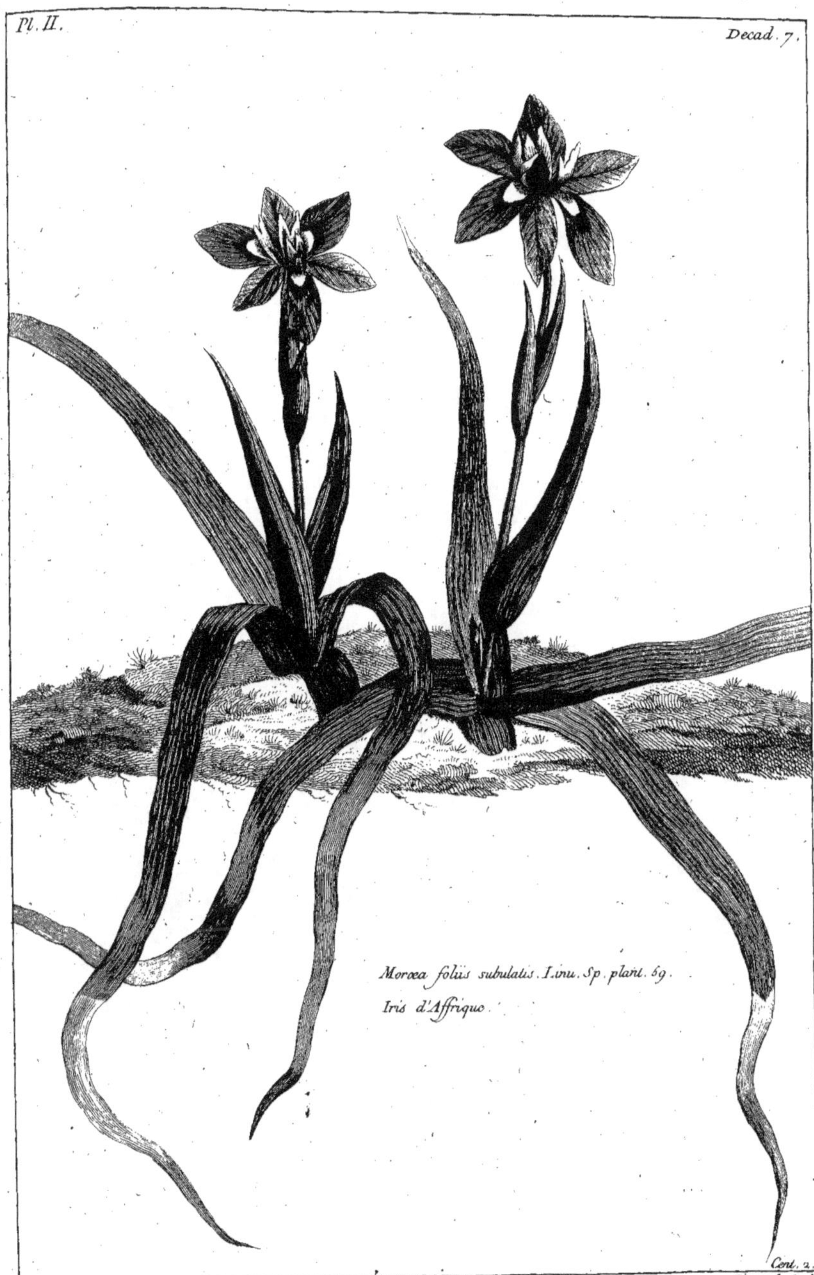

Moræa foliis subulatis. Linn. Sp. plant. 59.

Iris d'Affrique.

Prevost. pinx.　　　　　　　　　　　　Cent. 2.
　　　　　　　　　　　　　　　　　Fessard. Sculp.

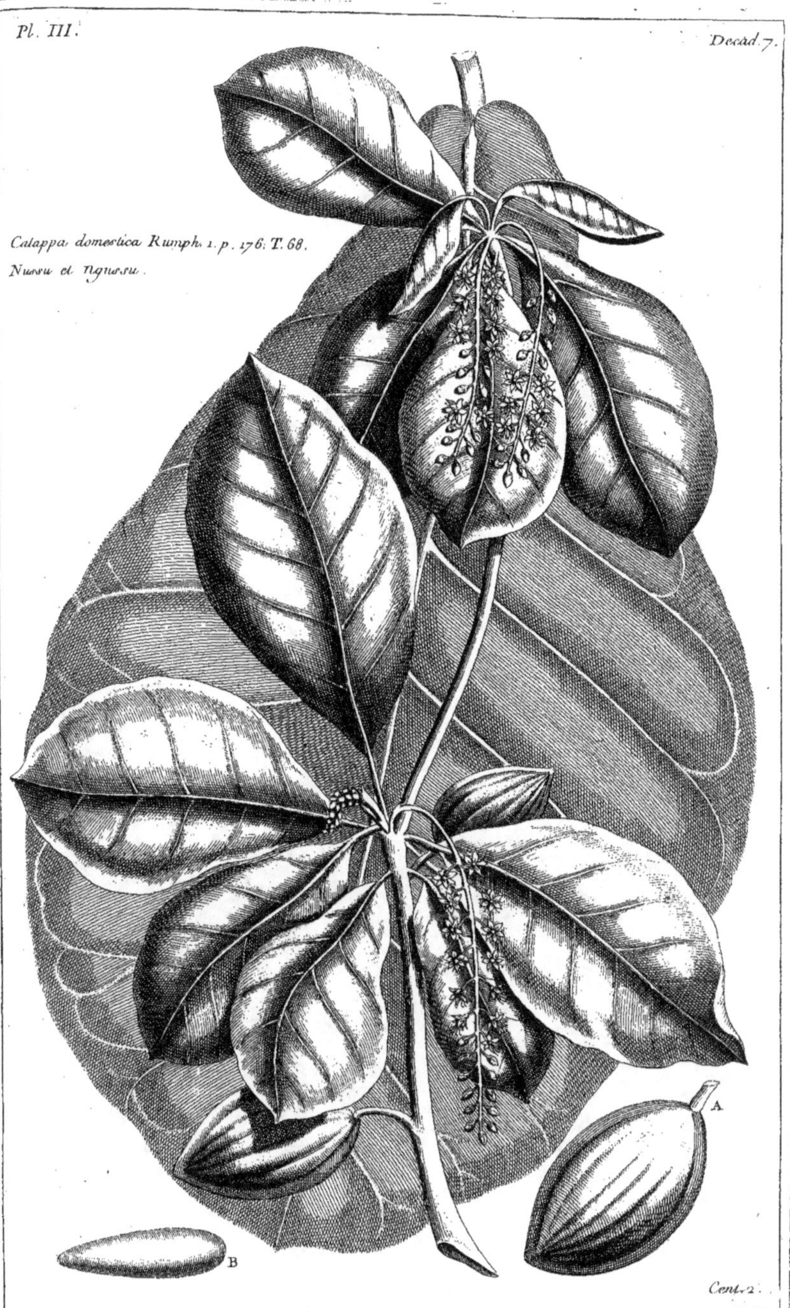
Calappa domestica Rumph. 1. p. 176. T. 68.
Nussu et ngussu.
A
B
Cent. 2.

Gajanus. Rumph. 1. p. 170. T. 65.
Gajang arbor. Valen. p. 173.
Iſſ.

Palala dentari et Canariformis. Rumph.2.
p. 28. T. 8.
Nux moschata sylvestris, foliis simplicibus.
oblongis, fructibus racemosis striatis. Burm.
Noix muscade sauvage.

Pl. VI.
Decad. 7.
Caryophyllum sylvestre, Tsjenoke-etan.
Rumph. 11. p. 12. T. 3.
Caryophyllus languescente ni aromaticus,
malabaricus, folio et fructu majore.
pluknet almag. p. 88.
Gerofle sauwage.
a
Cent. 2.

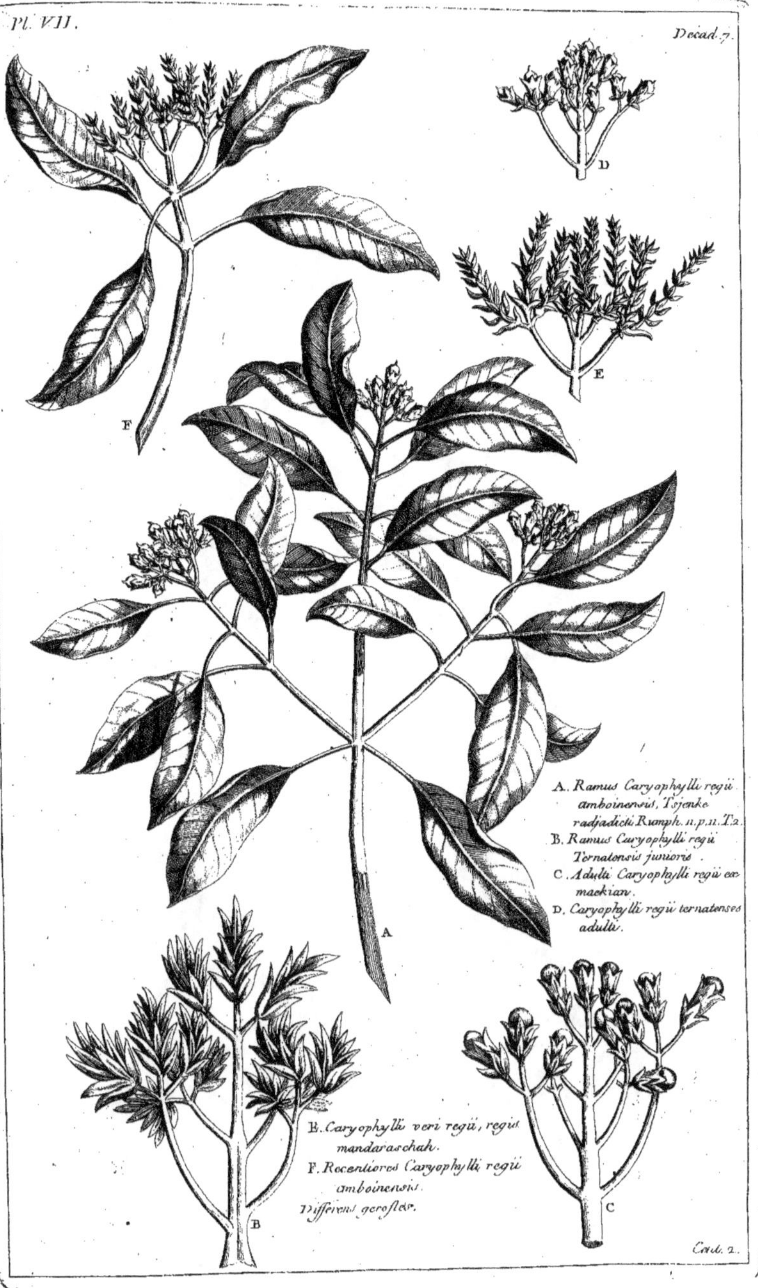

Pl. VII.
Decad. 7.
D
E
F
A
B
C
A. Ramus Caryophylli regii
amboinensis, Tsjenke
radjadicti Rumph. II. p. II. T. 2.
B. Ramus Caryophylli regii
Ternatensis junioris.
C. Adulti Caryophylli regii ex
mackian.
D. Caryophylli regii ternatenses
adulti.
E. Caryophylli veri regii, regii
mandaraschah.
F. Recentiores Caryophylli regii
amboinensis.
Differens gerofter.
Caul. 2.

Pl. VIII.
Decad. 7.
Laterasu Amboinensis Leytun.
incolis dicta. Rumph. 2. p.71. T.15.
Leytun.
A
A
B
B
Cent. 2.

Pl. IX.
Decad. 7.
Alliaria, Caju.
Bawang Rumph. 11. p.81. T. 20.
Alliaire en arbre.
A
C
B
Cent.

Cassia fistula. linn. Sp. plant. 640.
Cassia fistula Vera. Rumph. 2. p. 87, T. 21.
Casse d'Alexandrie.
A
B
C

Pl. I.
Decad. 8.
Lotus Jacobæus Linn.
Lotier de S.t Jacques.
Cent. 2.
Fessard. Sculp.

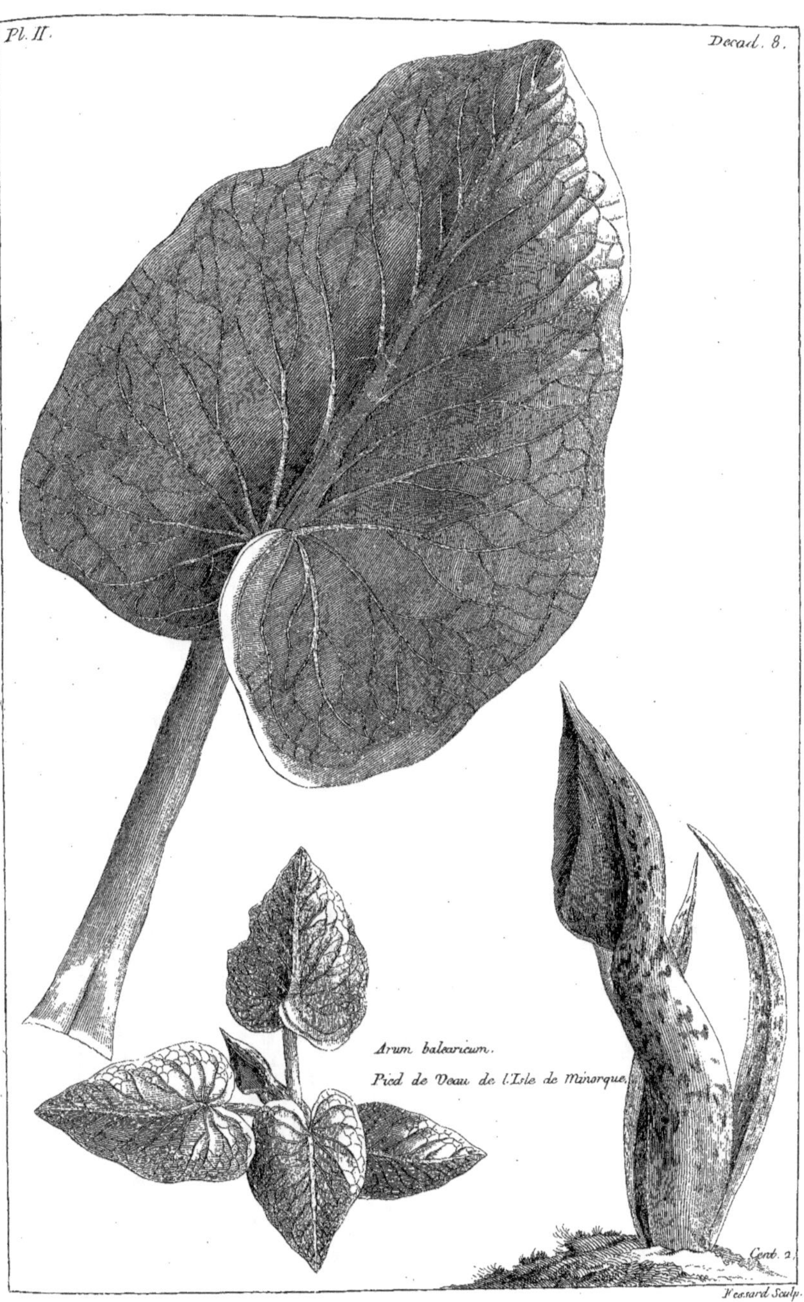

Vessard Sculp.

Pl. III.
Decad. 8.
Anona reticulata. Linn.
Sp. plant. 757.
Anona manoa. Rumph
1. p. 138. T. 45.
Anona angustifolia fructu
cancellato maximo.
Anona.
A
B   B   B   B
Cent. 2.

Pl. IIII.
Decad. 8.
Anona squamosa. Linn. Sp.
plant. 757.
Anona tuberosa Rumph. 1. p. 138.
T. 46.
Anona a tubercules.
A.
A
A
B
C
C
Cent. 2.

Papaja littorea seu papaja parie. Rumph. 1.
p. 161. T. 52.
Papaja des Rivages.

Cent. 2.

Pl. VI.
Decad. 8.
Sagus filaris; hakum. Rumph. 1. p. 86. T. 19.
Sagus foliis denticulatis, floribus racemosis,
juliferis, fructibus olivæ formibus. Burm.
Sagu rottang.
C
A
B
Gent. 2

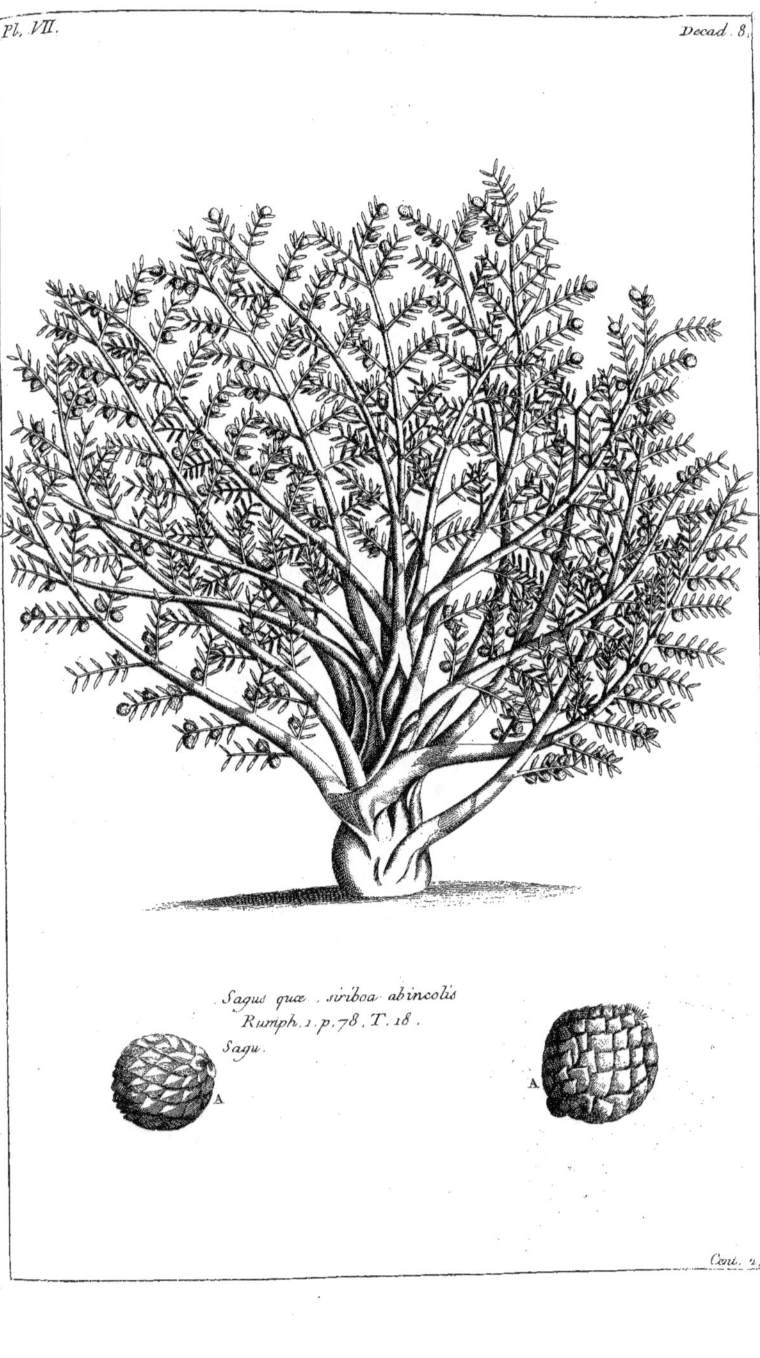

Sagus quæ siriboa ab incolis
Rumph. 1. p. 78. T. 18.
Sagu.
A
A

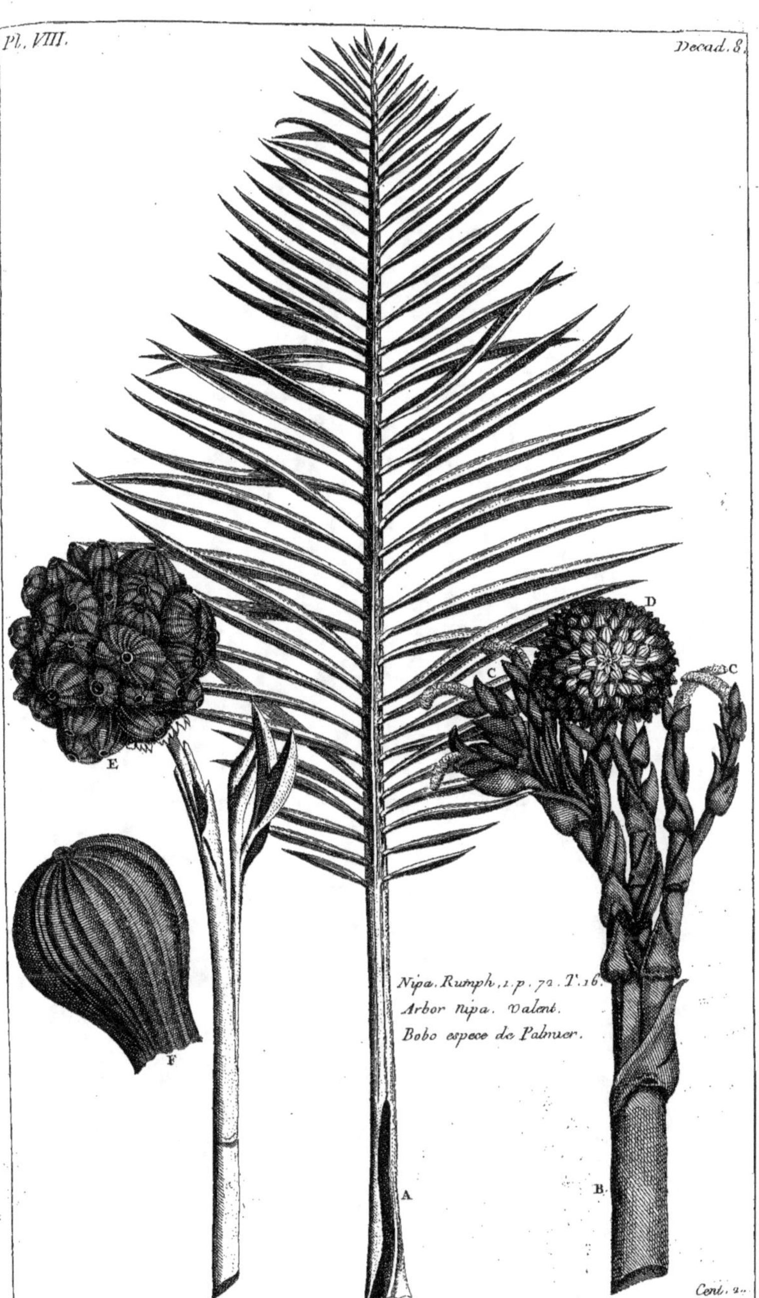
A
B
C
C
D
E
F
Nipa. Rumph. 1. p. 72. T. 16.
Arbor Nipa. Valent.
Bobo espece de Palmier.

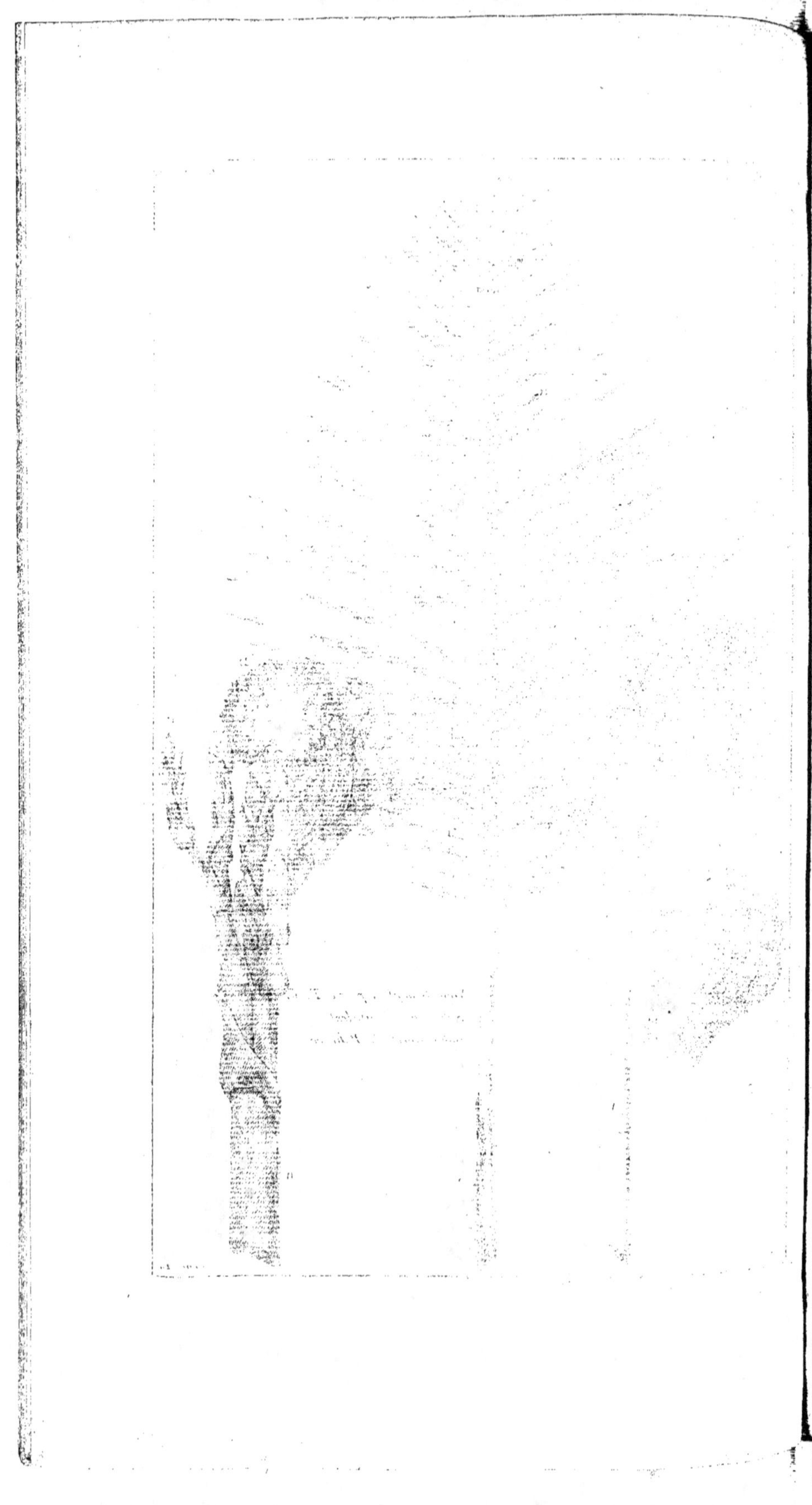

Olus calappoïdes mas.
Osmunda arborescens. Rumph. 1. p. 91. T. 23.
Osmonde en Arbre. espece de Palmier.

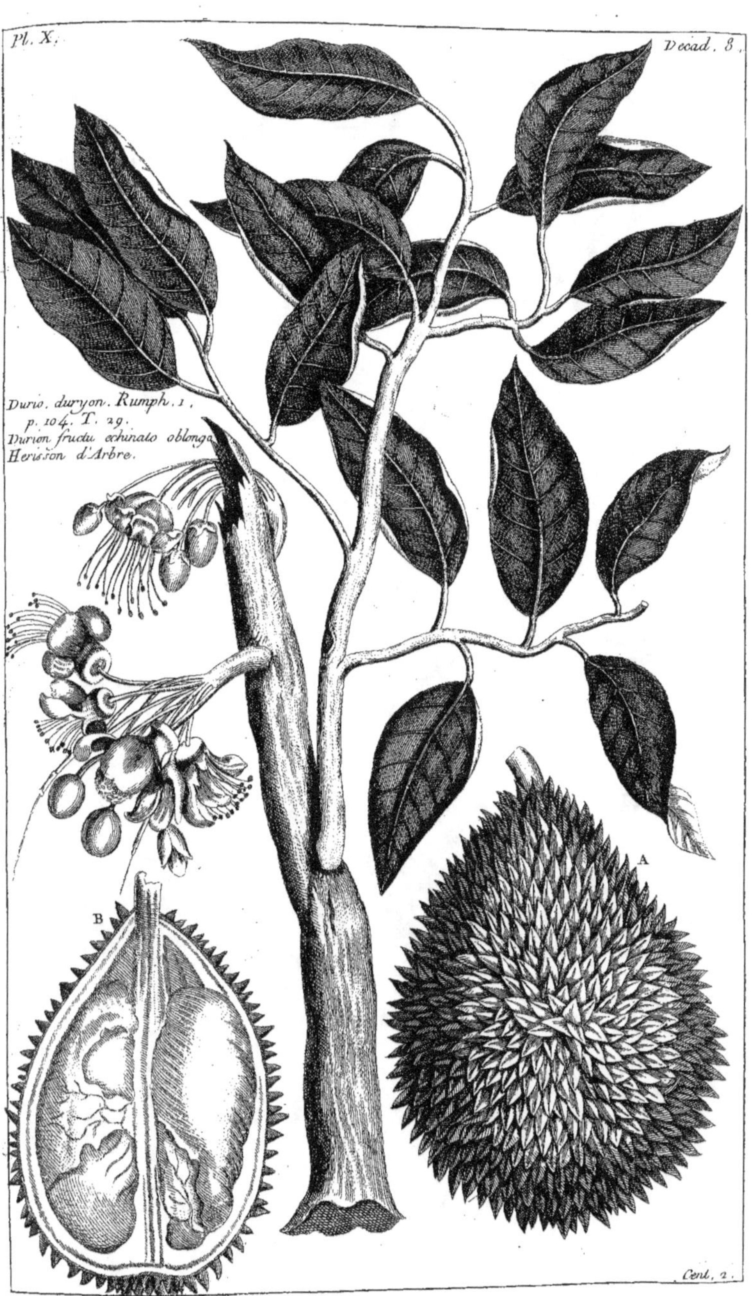

Pl. X.
Decad. 8.
Durio, duryon. Rumph. 1.
p. 104. T. 29.
Durion fructu echinato oblongo
Herisson d'Arbre.
A
B
Cent. 2.

Pl. I.
Decad. 9.
Fig. 1.
Fig. 2.
Fig. 1. Ornithogallum majus Capense flore luteo.
Ornithogalle du Cap, à fleurs jaunes.
Fig. 2. Ornithogallum majus Capense flore albo.
Ornithogalle du Cap à fleurs blanches.
Cent. 2.
Fessard. Sculp.

Pl. II.
Decad. 9.
Andromeda racemosa Linn. Sp. plant. 564.
Andromede à grappes.
Cent. 2.
Fessard Sculp.

Soccus lanosus, Soccus capas Rumph. 1.
p. 110. T. 32.
Katoen-sockam boom. Valent.
Capas.

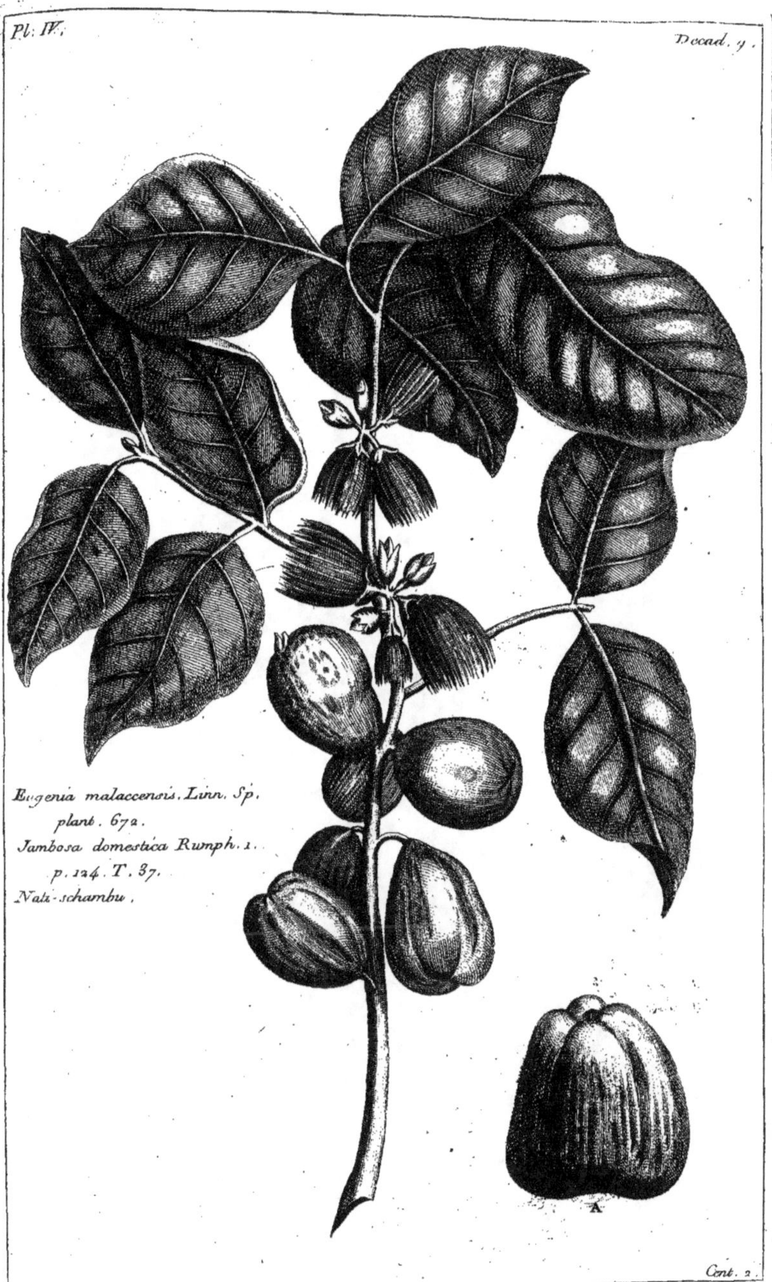
Eugenia malaccensis. Linn. Sp.
plant. 672.
Jambosa domestica Rumph. 1.
p. 124. T. 37.
Nats-schambu.
A

Pl. V.
Decad. 9.
Jambosa Sylvestris parvifolia Rumph.
pag. 129. T. 40.
Jambos.
Cent. 2.

Pl. VI.
Decad. 9.
Eugenia malaccensis Linn. Sp.
plant. 672.
Jambosa domestica. Rumph. 1.
p. 126. T. 38.
A
B
Fig. 1.
Fig. 2.
Cent. 2.

Pl. VII.
Decad. 9.
Lansium, lansa Rumph.
p. 152. T. 54.
Lansac.
Cent. 2.

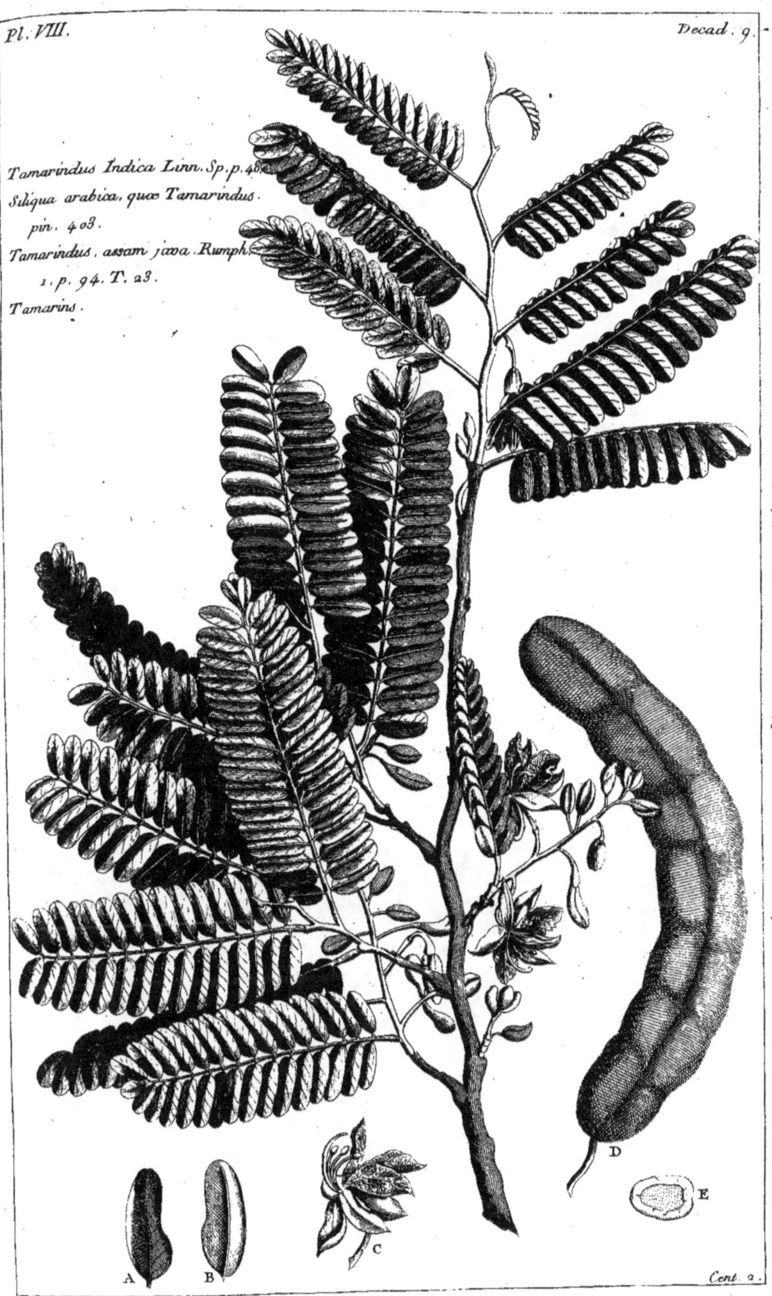

Pl. VIII.
Decad. 9.
Tamarindus Indica Linn. Sp. p. 48.
Siliqua arabica, quæ Tamarindus.
    pin. 403.
Tamarindus, assam jaoa. Rumph.
    1. p. 94. T. 23.
Tamarins.
A
B
C
D
E
Cent. 2.

Pl. IX.
Decad. 9.
Saccus arboreus major. Rumph. 1.
p. 107. T. 30.
Jaca.
B
E
D
C
A
F
Cent. 2.

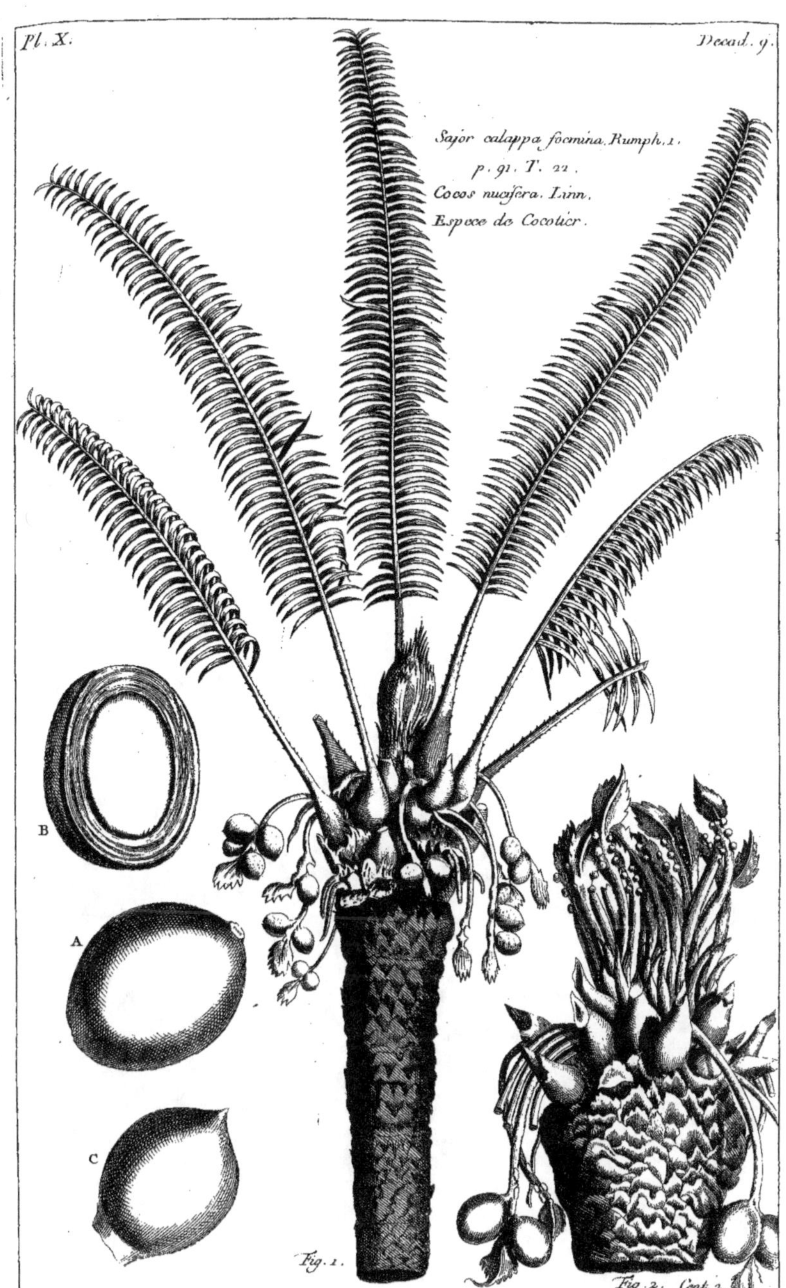

Pl. X.
Decad. 9.
Sajor calappa fœmina. Rumph. 1.
p. 91. T. 22.
Cocos nucifera. Linn.
Espece de Cocotier.
B
A
C
Fig. 1.
Fig. 2. Cont. 2.

Arum dracunculus. Linn. Sp. plant. 1397.
Pied de Veau de l'Europe meridionale
Serpentaire.

Pl. II.
Decad. 10.
Capparis Spinosa. Linn. Sp. plant. 722.
Capparis Spinosa, fructu minore, folio
rotundo, pin.
Caprier.
Cent. 2.
Fessard Sculp.

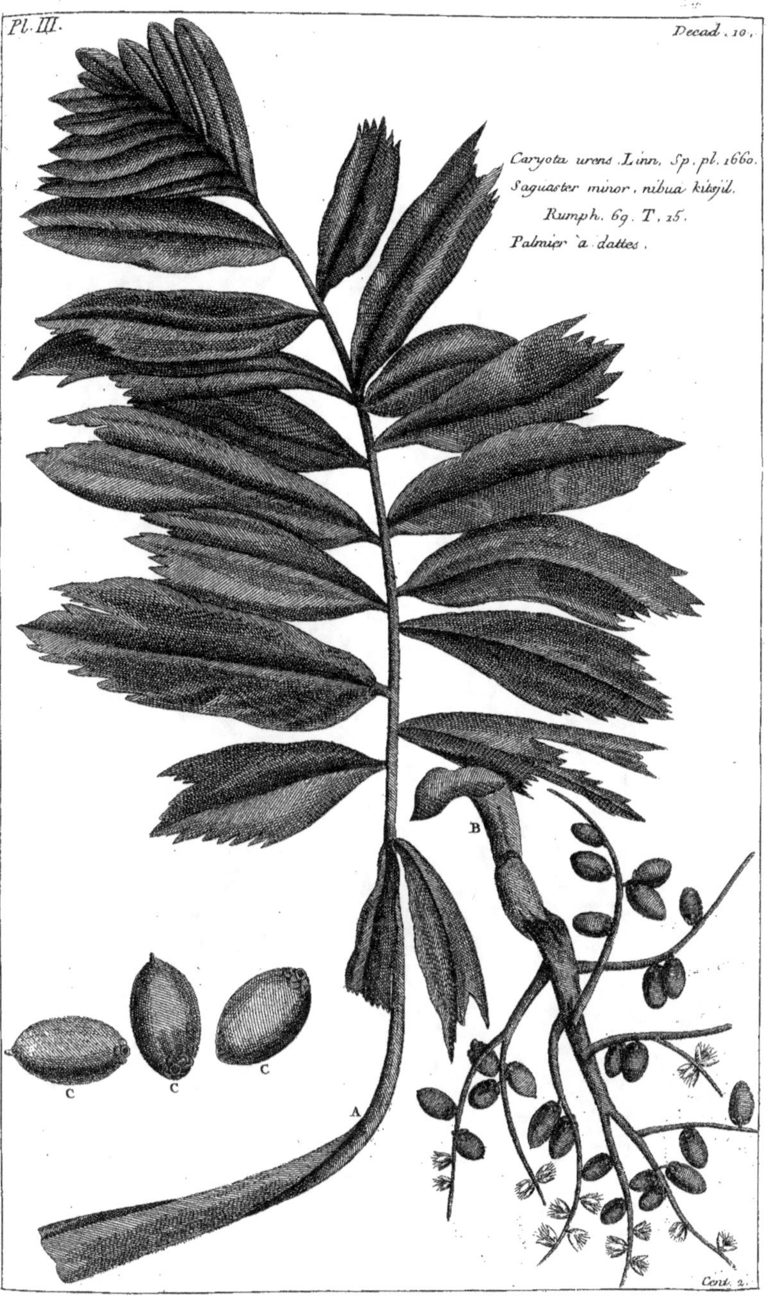

Pl. III.
Decad. 10.
Caryota urens Linn. Sp. pl. 1660.
Saguaster minor, nibua kitsjil.
Rumph. 69. T. 15.
Palmier à dattes.
B
C
C
C
A
Cent. 2.

Pl. IV.
Decad. 10.
Lontarus Sylvestris seu lontar
utan. Rumphii, p. 56. T. 11.
Borassus flabellifer.
B
A
C
Cent. 2

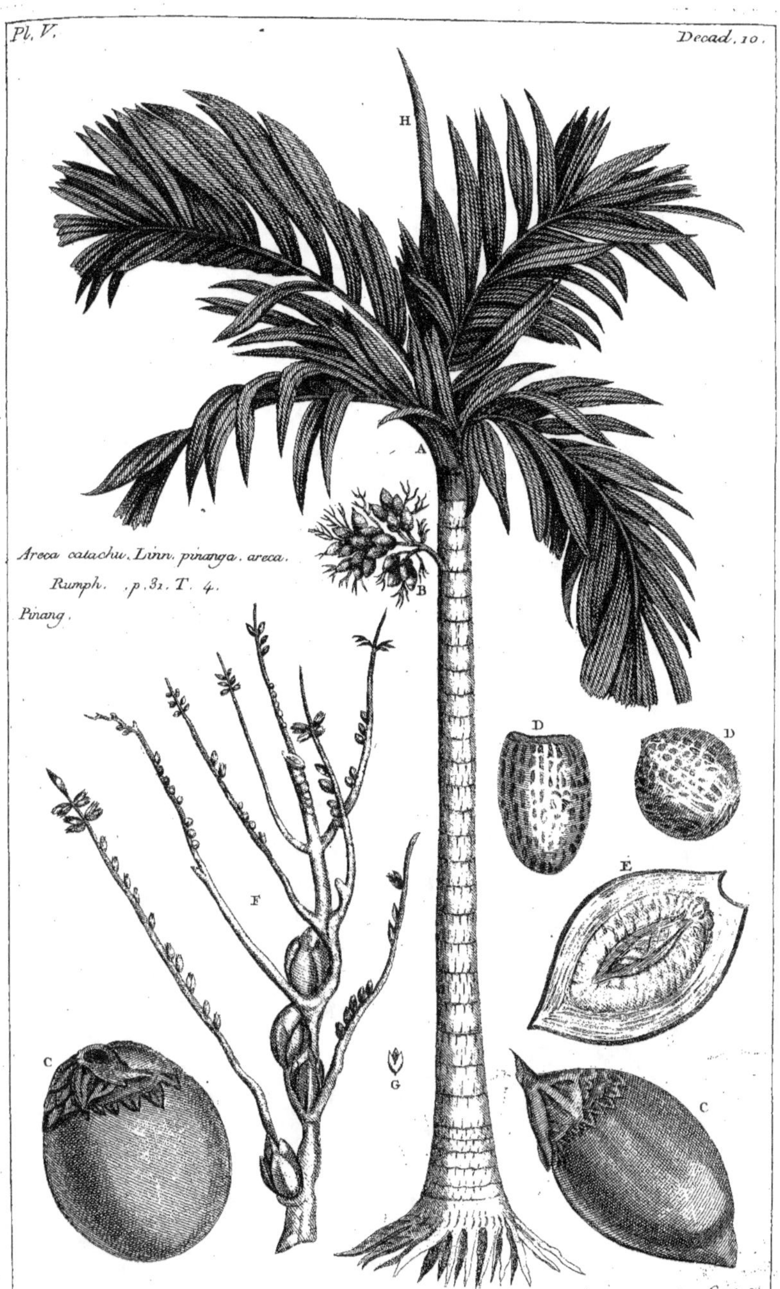

Pl. V.
Decad. 10.
H
A
Areca catechu. Linn. pinanga. areca.
Rumph. p. 31. T. 4.
Pinang.
B
D
D
F
E
C
G
C
Cont. 2.

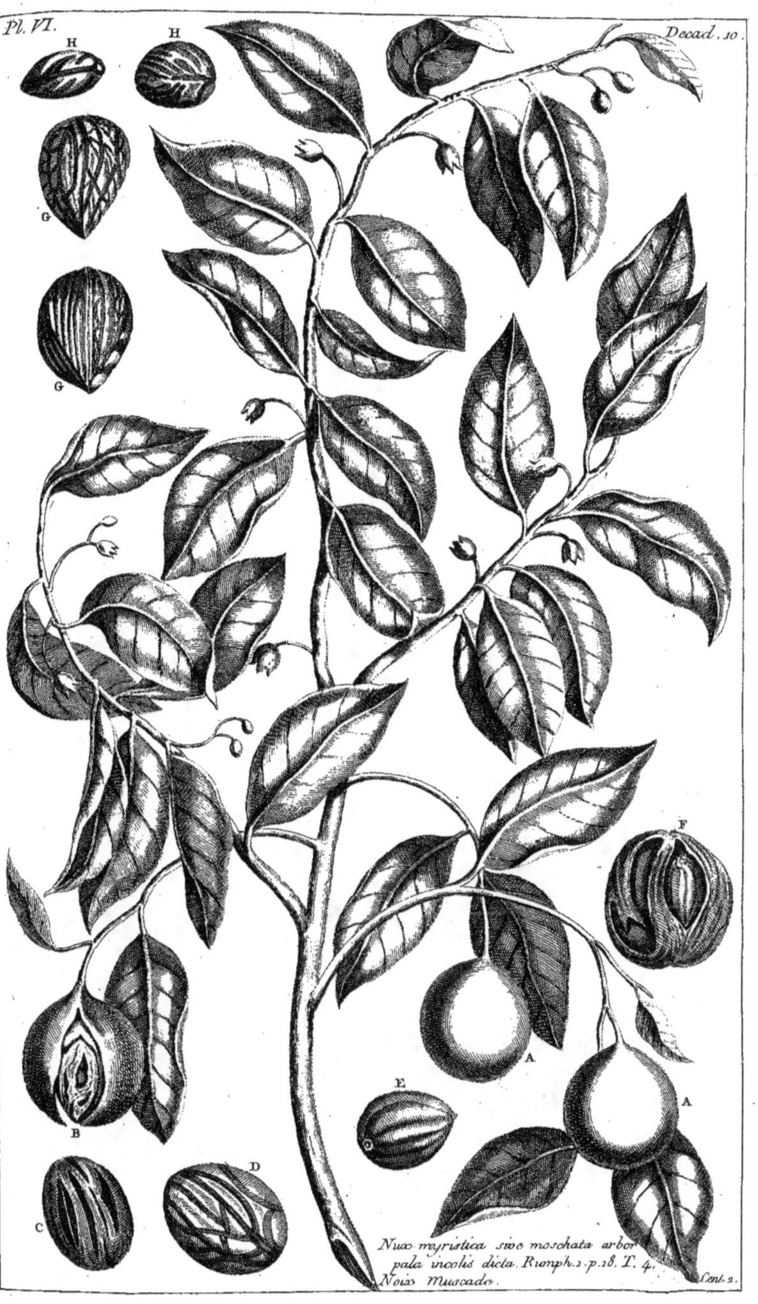

Nux myristica sive moschata arbor
pala incolis dicta. Rumph. 1. p. 18. T. 4.
Noix Muscade.

Cont. 2.

Pl. VIII.
Decad. 10.
Pinanga Sylvestris grandi-formis, Rumph.
1. p. 41. T. 6
Pinang sauvage à fruits en forme
de glands.
B
A
Cent. 2.

Cent. 2.

Cycas arbuscula amboinensis. Rumph. 1.
p. 91. T. 21.
Espece de Palmier d'Amboïne.
a
a
b

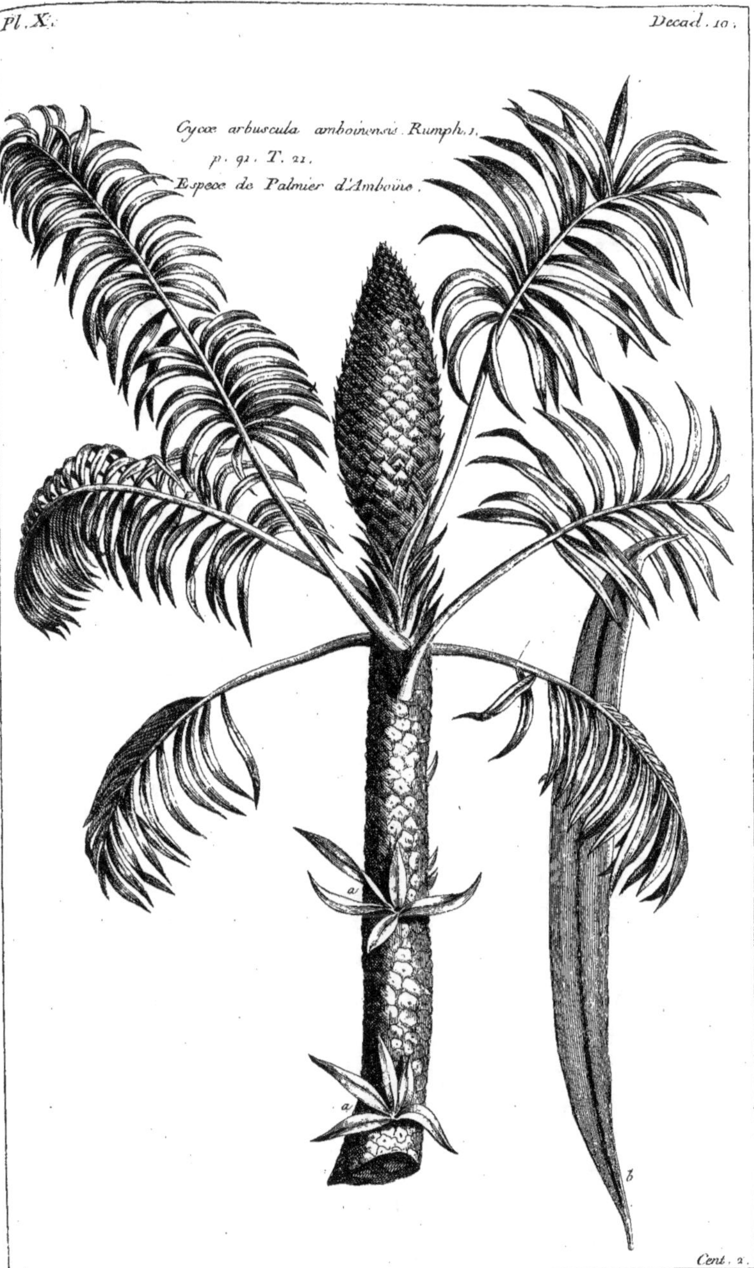

Cent. 2.

HISTOIRE

UNIVERSELLE

DU RÈGNE VÉGÉTAL.

HISTOIRE
UNIVERSELLE
DU RÈGNE VÉGÉTAL,
OU
NOUVEAU DICTIONNAIRE
PHYSIQUE ET ÉCONOMIQUE

DE TOUTES LES PLANTES QUI CROISSENT SUR LA SURFACE DU GLOBE:

CONTENANT leurs noms Botaniques & Triviaux dans toutes les Langues, leurs claſſes, leurs Familles, leurs Genres & leurs Eſpèces ; les endroits où on les trouve le plus communément ; leur culture ; les animaux auxquels elles peuvent ſervir de nourriture ; leurs analyſes chymiques ; la manière de les employer pour nos alimens, tant ſolides que liquides ; leurs propriétés, non-ſeulement pour la Médecine des hommes, mais encore pour celle des animaux ; les doſes & la manière de les formuler, & les différens uſages pour leſquels on peut s'en ſervir dans les Arts & Métiers, &c. &c. &c.

ON y a joint une Bibliothèque raiſonnée de tous les livres de Botanique, l'explication des différens termes uſités dans cette partie de l'Hiſtoire Naturelle ; une notice de tous les ſyſtêmes, & enfin la liſte des Profeſſeurs & des Jardins Botaniques de l'Europe.

Ouvrage orné de 1200 Planches gravées en taille-douce par les meilleurs Maîtres, & deſſinées d'après nature.

Par M. BUC'HOZ, Docteur en Médecine, Médecin Botaniſte de Monſieur, frère du Roi, & Médecin de Quartier Surnuméraire de ſa Maiſon, ancien Médecin de quartier de Monſeigneur le Comte d'Artois, & Médecin ordinaire de feu Sa Majeſté le Roi de Pologne, Aggrégé au Collège Royal & à la Faculté de Médecine de Nancy, Aſſocié des Académies de Mayence, de Châlons, d'Angers, de Dijon, de Béziers, de Caen, de Bordeaux & de Metz, Correſpondant de celles de Rouen & de Toulouſe ; Membre de la Société Royale d'Agriculture de Rouen.

TOME TROISIEME DES PLANCHES.

A PARIS.

Chez BRUNET, Libraire, rue des Écrivains, vis-à-vis le Cloître Saint-Jacques-la-Boucherie.

M. DCC. LXXV.
Avec Approbation & Privilége du Roi.

Pl. I.
Decad. 1.
Pittonia arborescens Chamædri-
folia major. plum. 9. 5.
La Tournefort.
Cent. 3.
M.e Basseporte. Pinx.
Fessard Sculp.

Pl. II.
Decad. 1.
Martynia foliis serratis.
hort. Cliff. 322. Sp. 1.
La Martyn.
Cent. 3.
Forsind. Sculp.

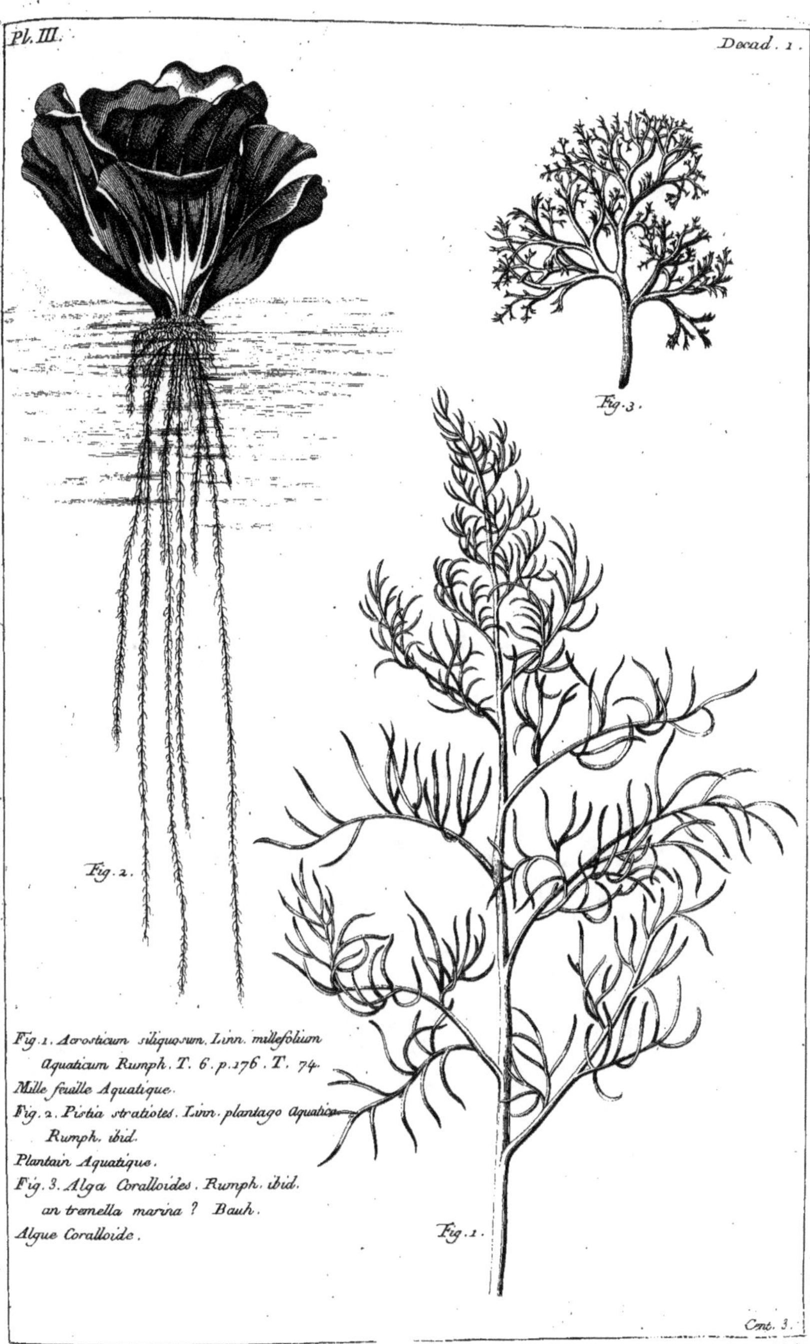

Fig. 1. Acrosticum siliquosum. Linn. millefolium
    Aquaticum Rumph. T. 6. p. 176. T. 74.
Mille feuille Aquatique.
Fig. 2. Pistia stratiotes. Linn. plantago Aquatica
    Rumph. ibid.
Plantain Aquatique.
Fig. 3. Alga Coralloides. Rumph. ibid.
    an tremella marina? Bauh.
Algue Coralloide.

Fig. 1. Cyperus longus. Rumph. 6.
pag. 6. T. 2
Souchet long.
Fig. 2. Cyperus littoreus echinato
capite. Rumph. ibid.
Souchet de Riviere.
Fig. 2.
Fig. 1.
Cent. 5.

Fig. 1. Gramen aciculatum. Rumph. 6. p. 14. T. 5.
Hudura pullu. hort. Malab. Amourettes.
Fig. 2. et Fig. 3. Hippogrostis amboinica Rumph. ibid.
Chiendent d'Amour.
Fig. 2.
Fig. 3.
Fig. 1.
Cent. 3.

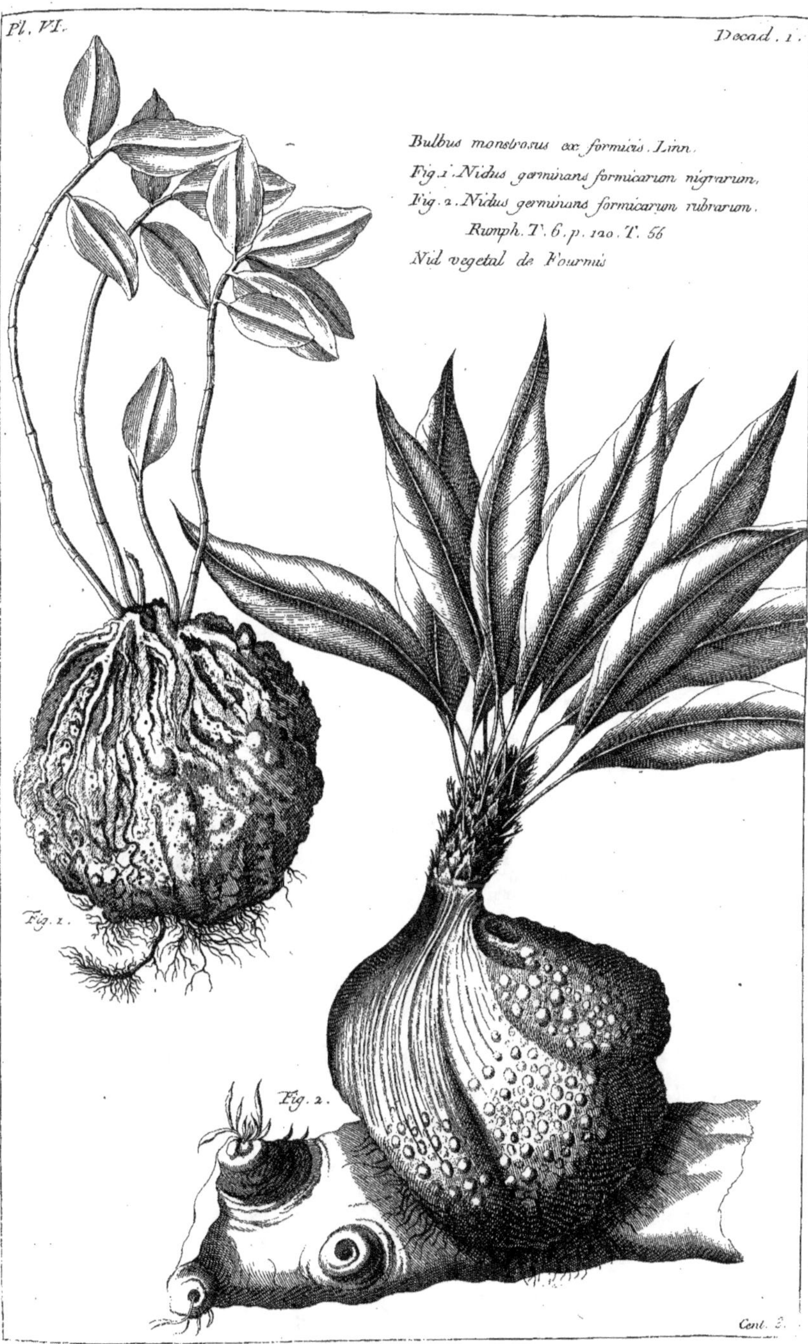

Bulbus monstrosus ex formicis. Linn.
Fig. 1. Nidus germinans formicarum nigrarum.
Fig. 2. Nidus germinans formicarum rubrarum.
Rumph. T. 6. p. 120. T. 55
Nid vegetal de Fourmis

Cent. 2.

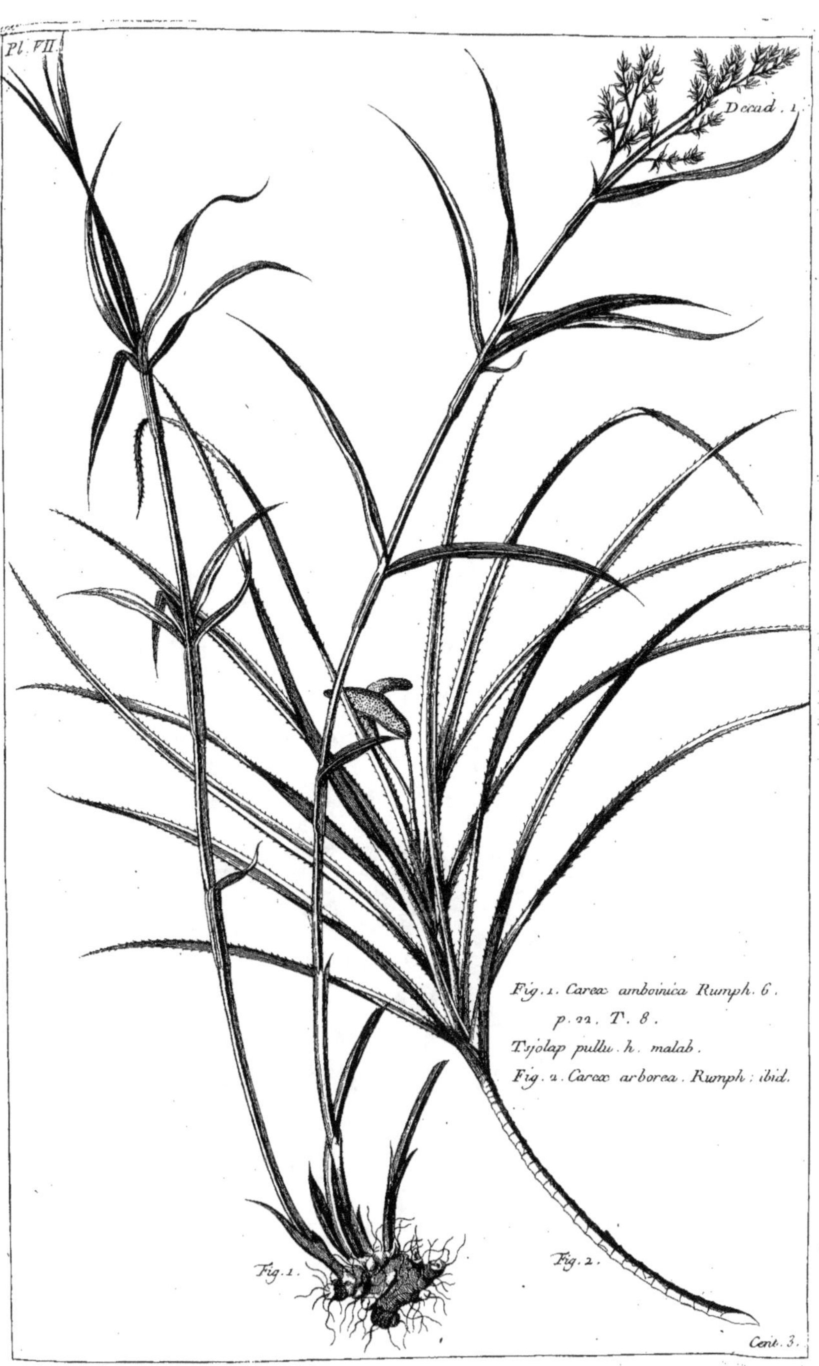

Pl. VII.
Decad. 1.
Cent. 3.
Fig. 1. Carex amboinica Rumph. 6.
p. 22. T. 8.
Tsjolap pullu. h. malab.
Fig. 2. Carex arborea. Rumph: ibid.
Fig. 1.
Fig. 2.

Pl. VIII.
Decad. 1.
Fig. 1. Cyperus dulcis. Rumph.
6. p. 8. T. 3.
Cyperus rotundus esculentus
angustifolius. pin.
Souchet doux.
Fig. 2. Gramen capitatum
Rumph. ibid.
Gramen cyperoides minus,
spica compacta subrotunda,
viridi radice odorata. sloan.
Chiendent en forme de Souchet.
Fig. 1.
Fig. 2.

Restidaria alba. Rumph. 3. p. 188. T. 119.
    an Bartramia. Linn?
Amakin abbal.

Lignum clavorum. Rumph. 3. p. 98. T. 69.
Bois de chenilles.

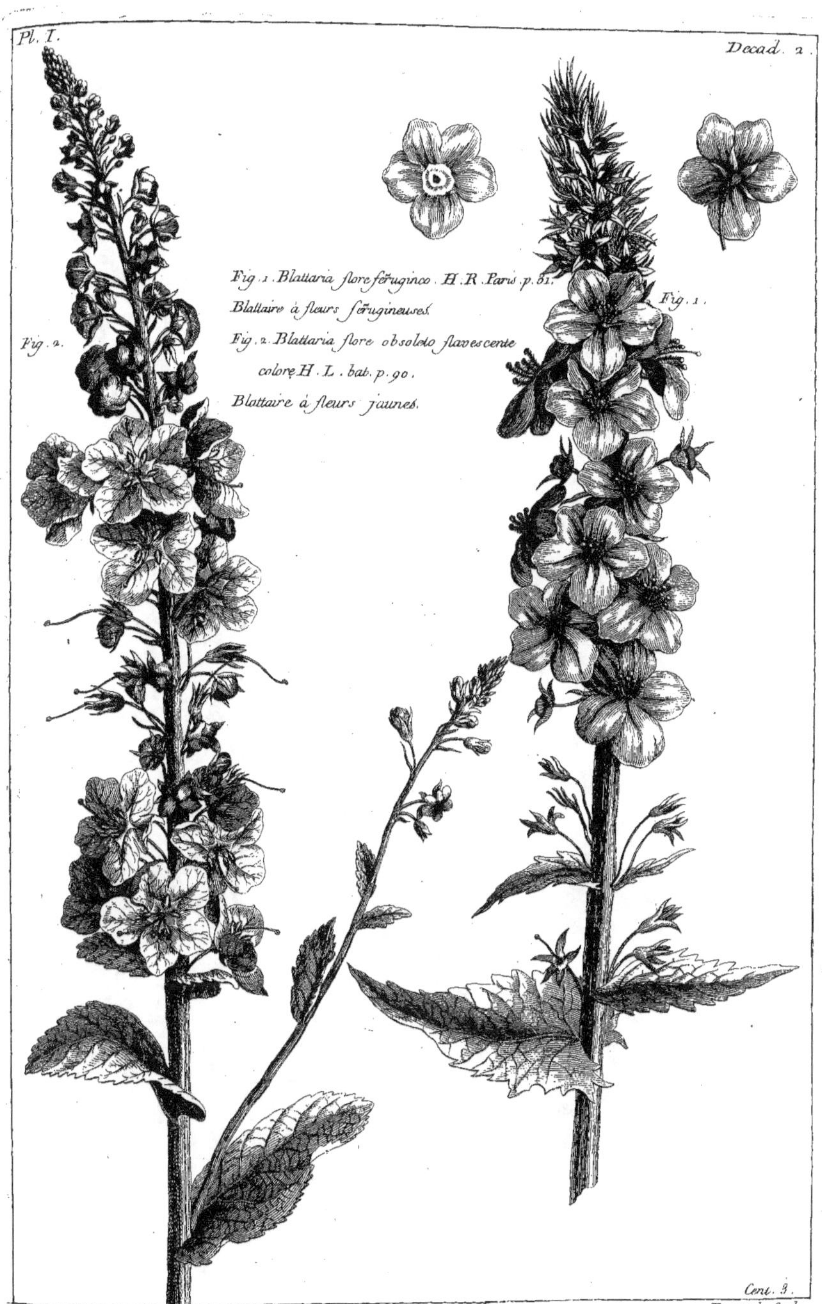

Pl. I.
Decad. 2.
Fig. 1. Blattaria flore ferrugineo. H.R.Paris.p.51.
Blattaire à fleurs ferrugineuses.
Fig. 2. Blattaria flore obsoleto flavescente
colore H.L.bat.p.90.
Blattaire à fleurs jaunes.
Fig. 2.
Fig. 1.
Cent. 3.
Fessard Sculp.

Pl. II.
Decad. 2.
Aletris capensis Linn.
Hyacinthus undulatus. H. R. p.
Jacinthe du Cap.
Fossard

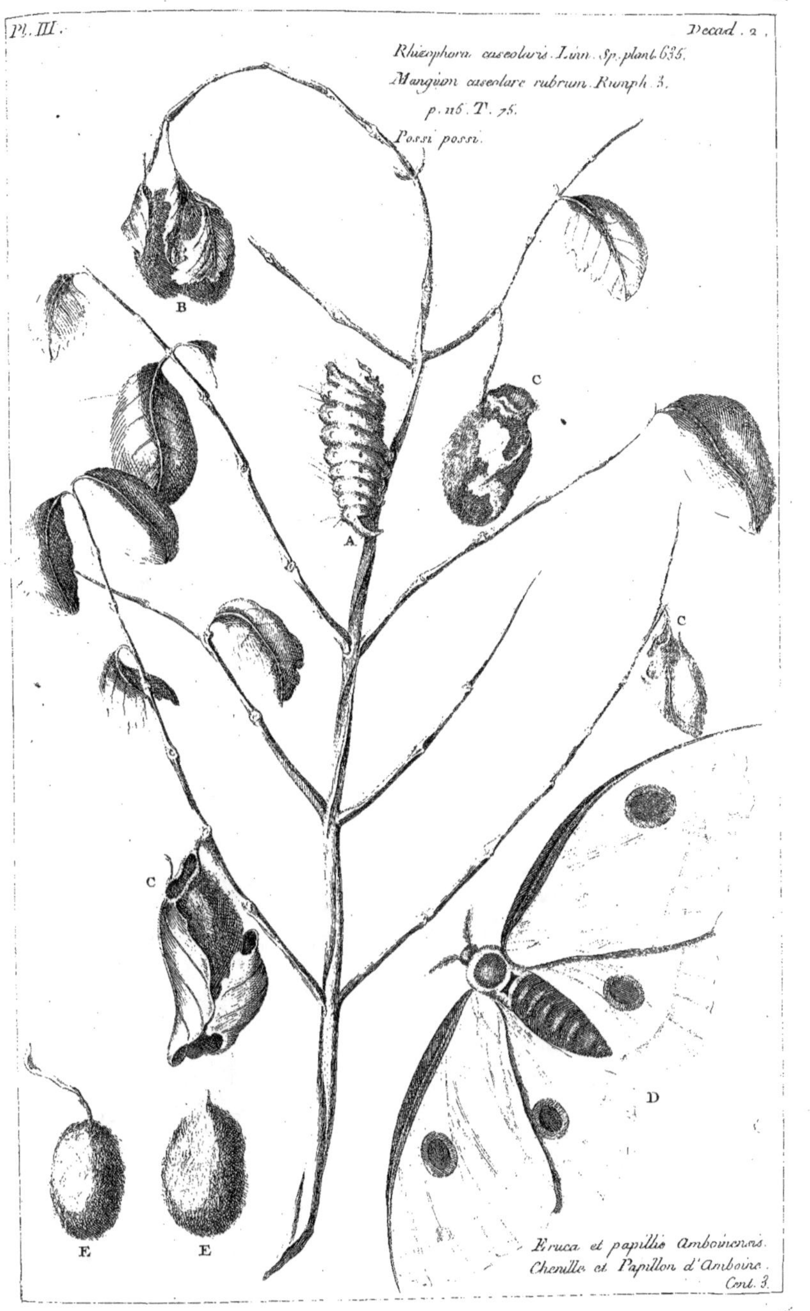
Rhizophora caseolaris. Linn. Sp. plant. 635.
Mangium caseolare rubrum. Rumph. 3.
p. 115. T. 75.
Possi possi.
A
B
C
C
C
D
E
E
Eruca et papilio Amboinensis.
Chenille et Papillon d'Amboine.
Cent. 3.

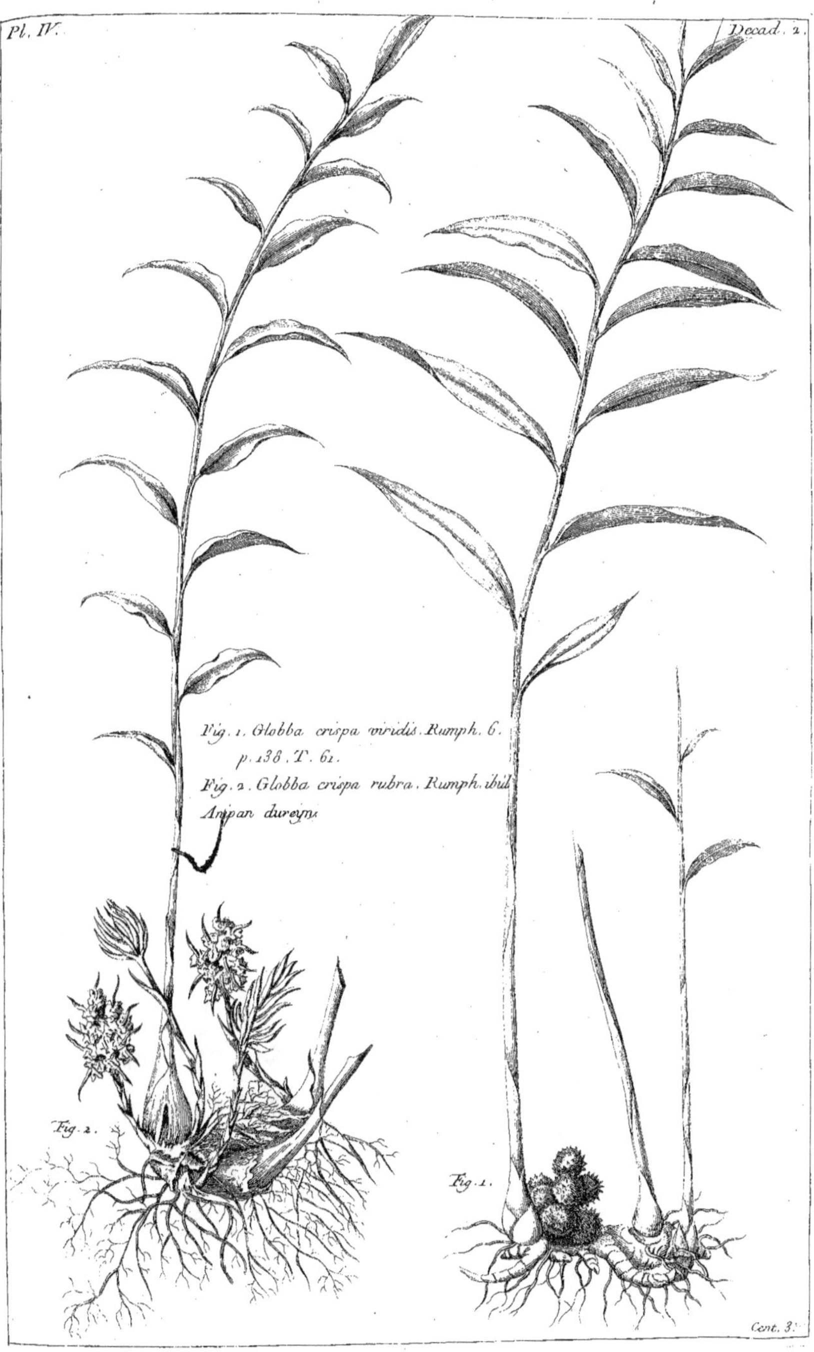

Pl. IV.
Decad. 2.
Fig. 1. Globba crispa viridis. Rumph. 6.
p. 138. T. 61.
Fig. 2. Globba crispa rubra. Rumph. ibid.
Anipan dureyn.
Fig. 2.
Fig. 1.
Cent. 3.

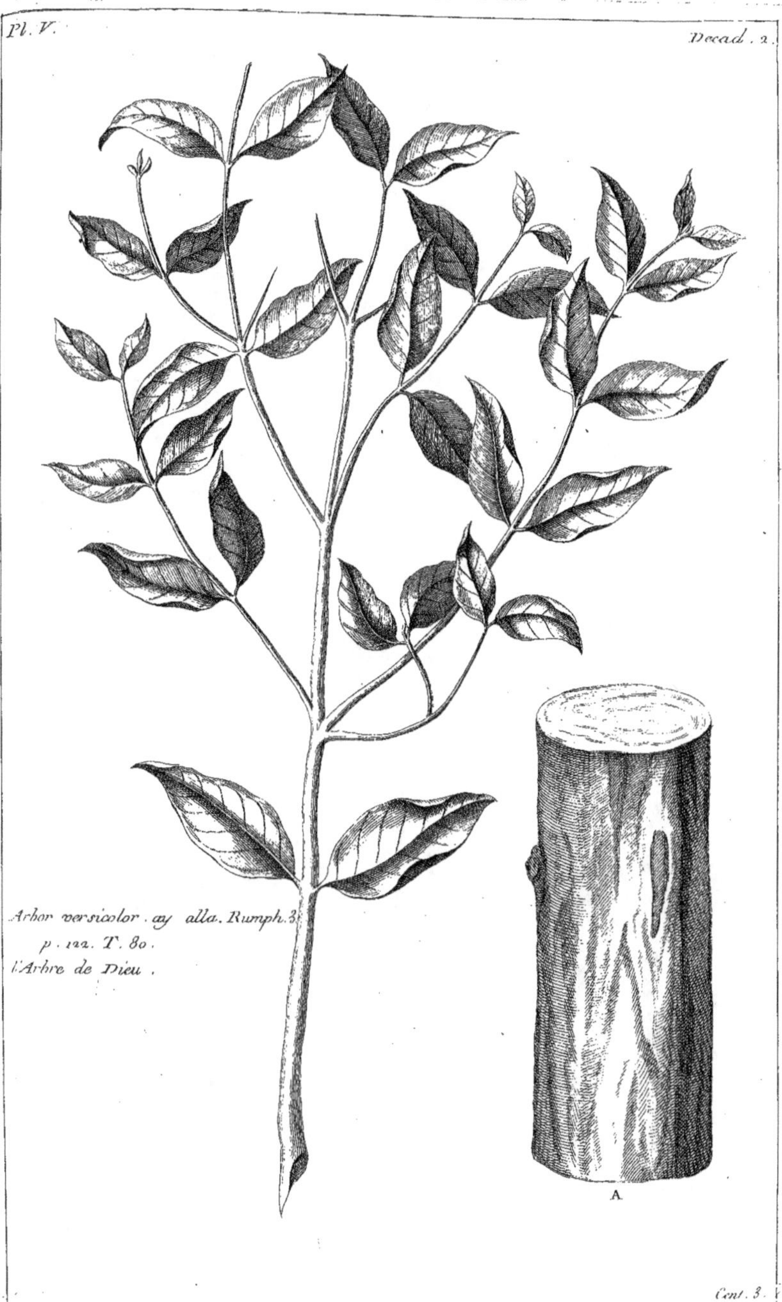

Arbor versicolor, seu alba. Rumph. 3.
p. 122. T. 80.
L'Arbre de Dieu.
A

A
B
Cofassus. Rumph. 3. p. 30. T. 14.
Caju fassu.

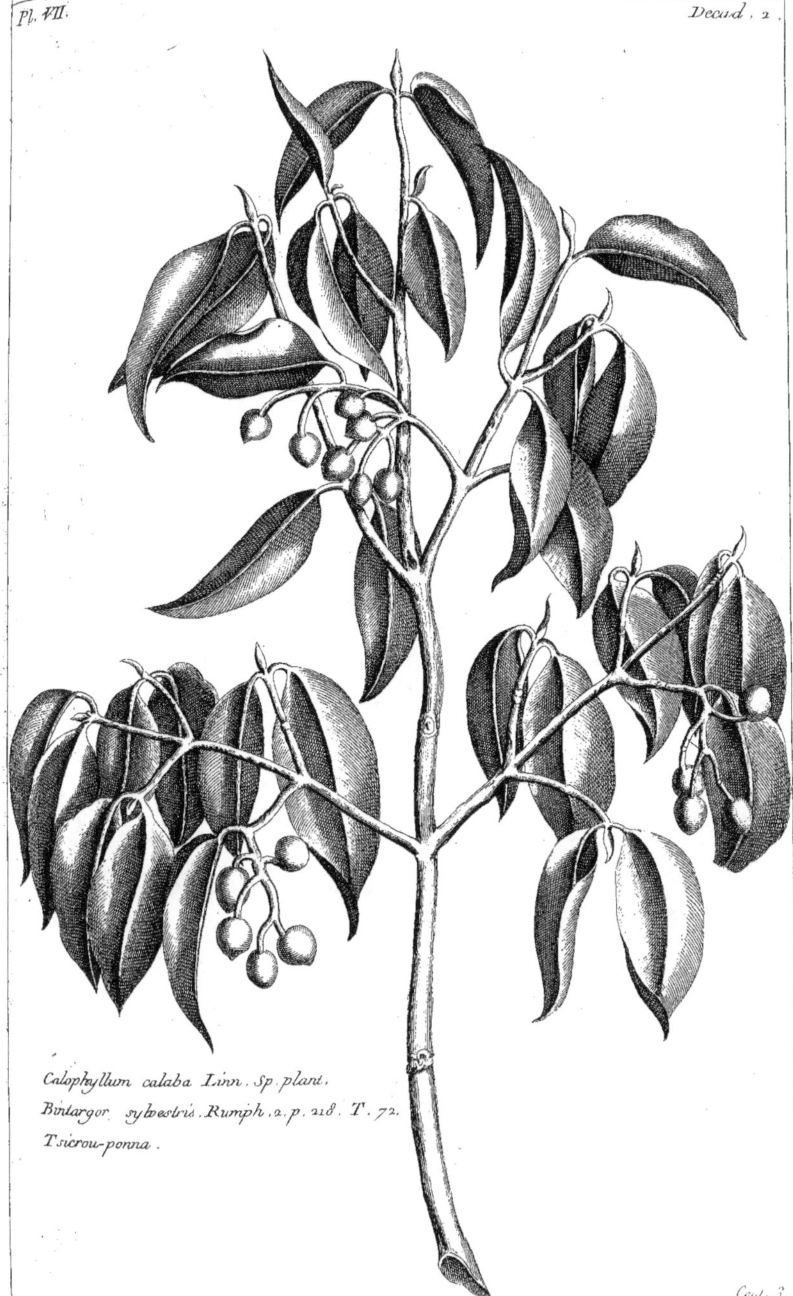

Calophyllum calaba Linn. Sp. plant.
Bintargor sylvestris. Rumph. 2. p. 218. T. 72.
Tsicrou-ponna.

Frutex excæcans. Rumph. 4.
p. 131. T. 65.
Jiddi lule.
Arbre qui aveugle.

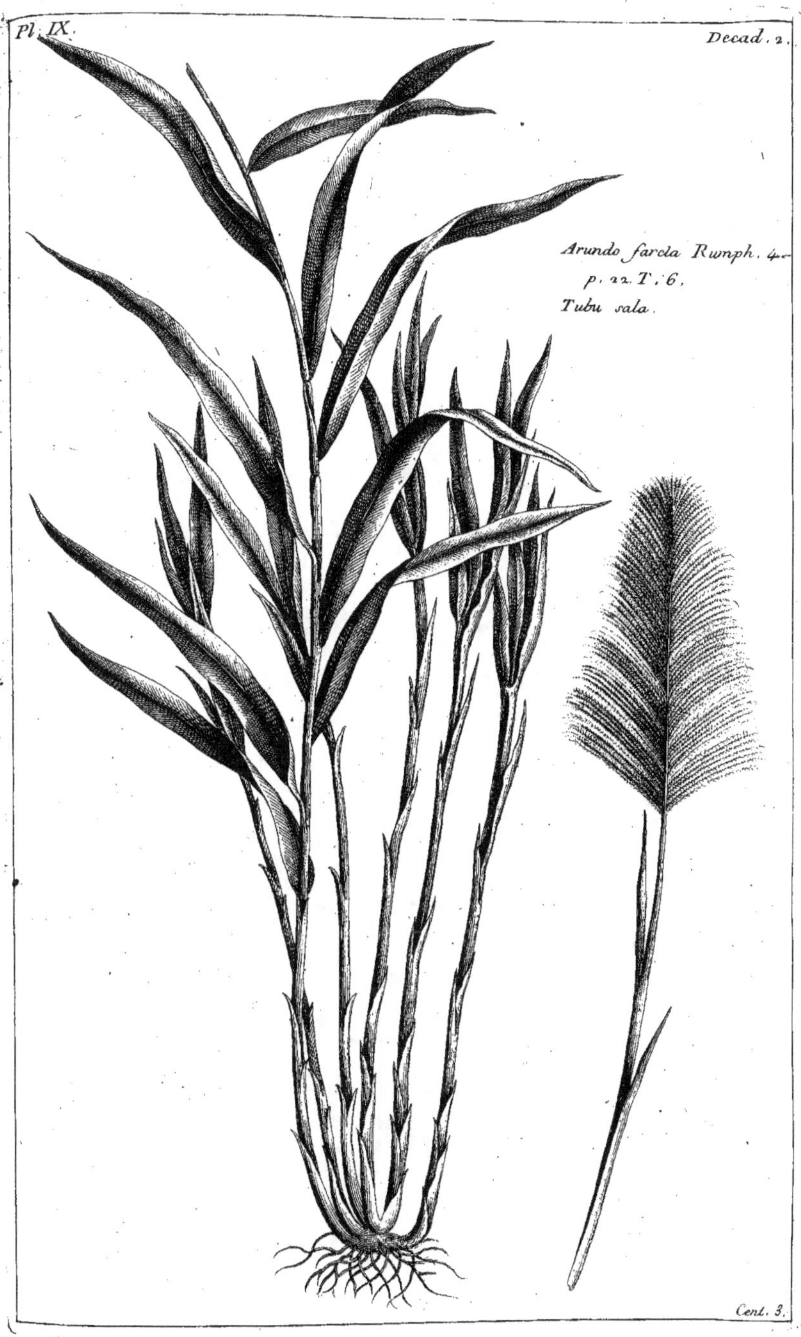

Pl. IX.
Decad. 2.
Arundo farcta Rwnph. 4.
p. 22. T. 6.
Tubu sala.
Cent. 3.

Pl. X.
Decad. 2.
A
Lobelia plumieri Linn. Sp. plant.
Buglossum littoreum Rumph. 4. p. 118. T. 64.
Le Lobelia du p. Plumier.
Cent. 3.

Pl. I.
Decad. 3.
Pinus Cedrus. Linn. Sp. plant. 1400.
Cedrus conifera, foliis laricis. pin. 490.
Cedre du Liban.
Cent. 3.
Fessard Sculp.

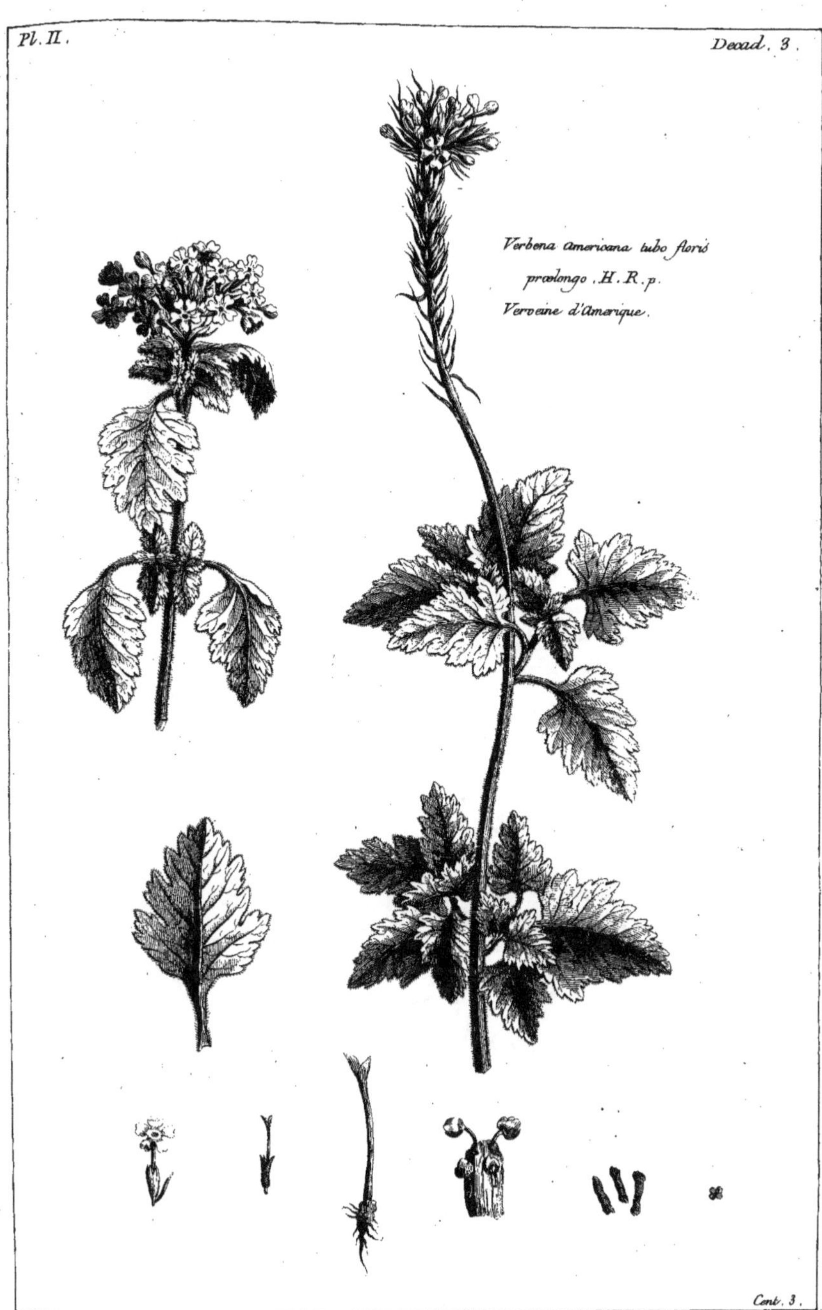

Verbena americana tubo florio
prælongo . H . R . p .
Vervoine d'Amerique .

Cent . 3 .
Fessard Sculp.

Scutellaria secunda. daun papeda pandong.
Rumph. 4. p. 77. T. 32.
an aralia linn ?
Espece de Ferule.

Olus album. Rumph. 1. p. 192. T. 78.
Bon - moenja
Sajor - poeti.

Tinus occidentalis . Linn . Sp . plant . 630.
Folium hircinum seu gumira . Rumph. 3.
       p. 209 . T . 133.
Fœuille de Bouc .

A
B   B   B
Xylon caule Inermi et caule.
aculeato hort. clif. p. 75.
Eriophoros javana. Rumph. 1.
C   p. 197. T. 8.
Ceiba.

Pl. VII.
Decad. 3.
Fig. 1. Amomum cardamomum Linn.
Cardamomum minus. Rumph. 5. p. 153. T. 65.
Petit Cardamomum.
Fig. 2. Bangleum. Rumph. ibid.
Espece de Gingembre Sauvage.
Fig. 2.
Fig. 1.
Cent. 3.

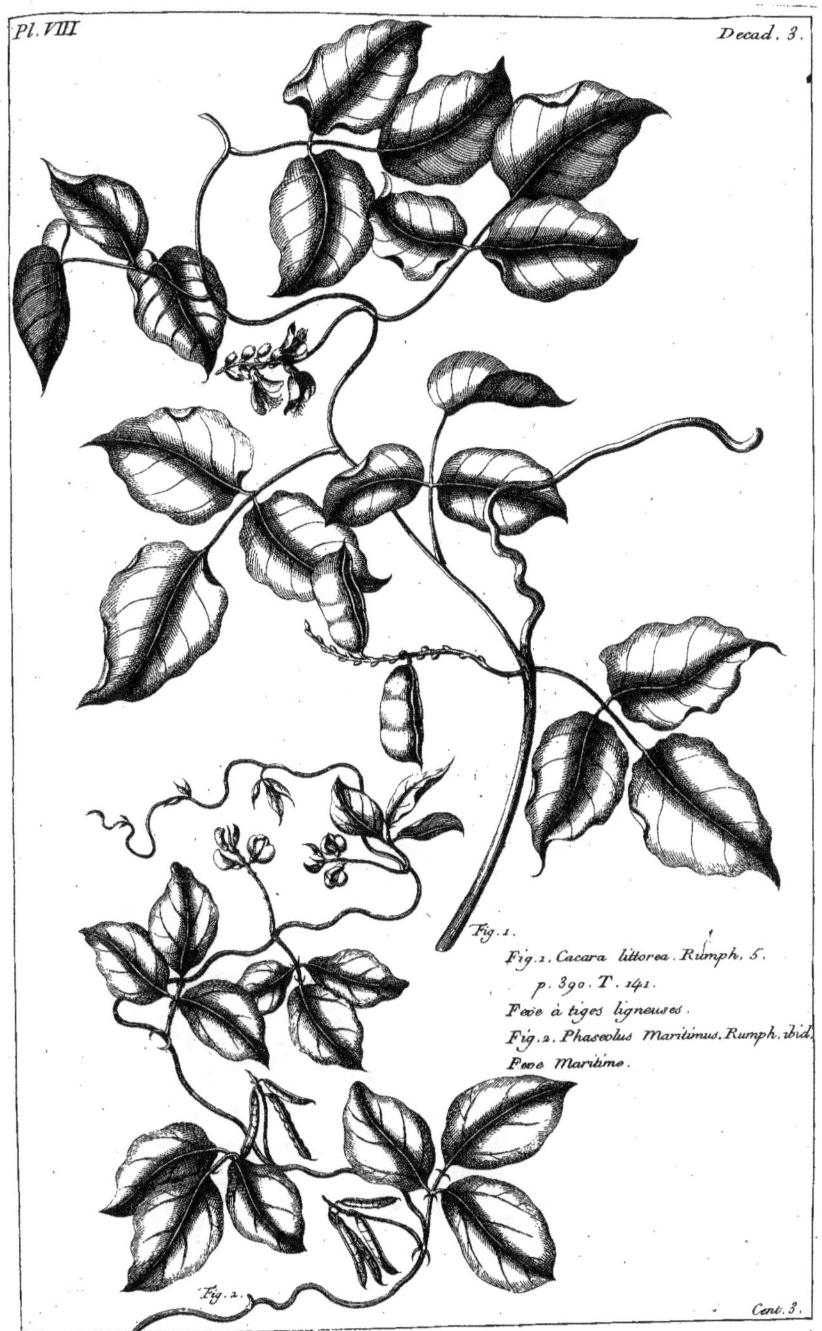

Fig.1.

Fig. 2. Cacara littorea. Rumph. 5.
p. 390. T. 141.
Fève à tiges ligneuses.
Fig. 2. Phaseolus Maritimus. Rumph. ibid.
Fève Maritime.

Fig. 2.

Pl. IX.
Decad. 3.
B
A
Garcinia celebica Linn. Sp.
plant. 635.
Mangostana celebica.
Rumph. 1. p. 135. T. 44.
Kiras.
Cent. 3.

Sandalum album Timorense.
Santal Blanc.

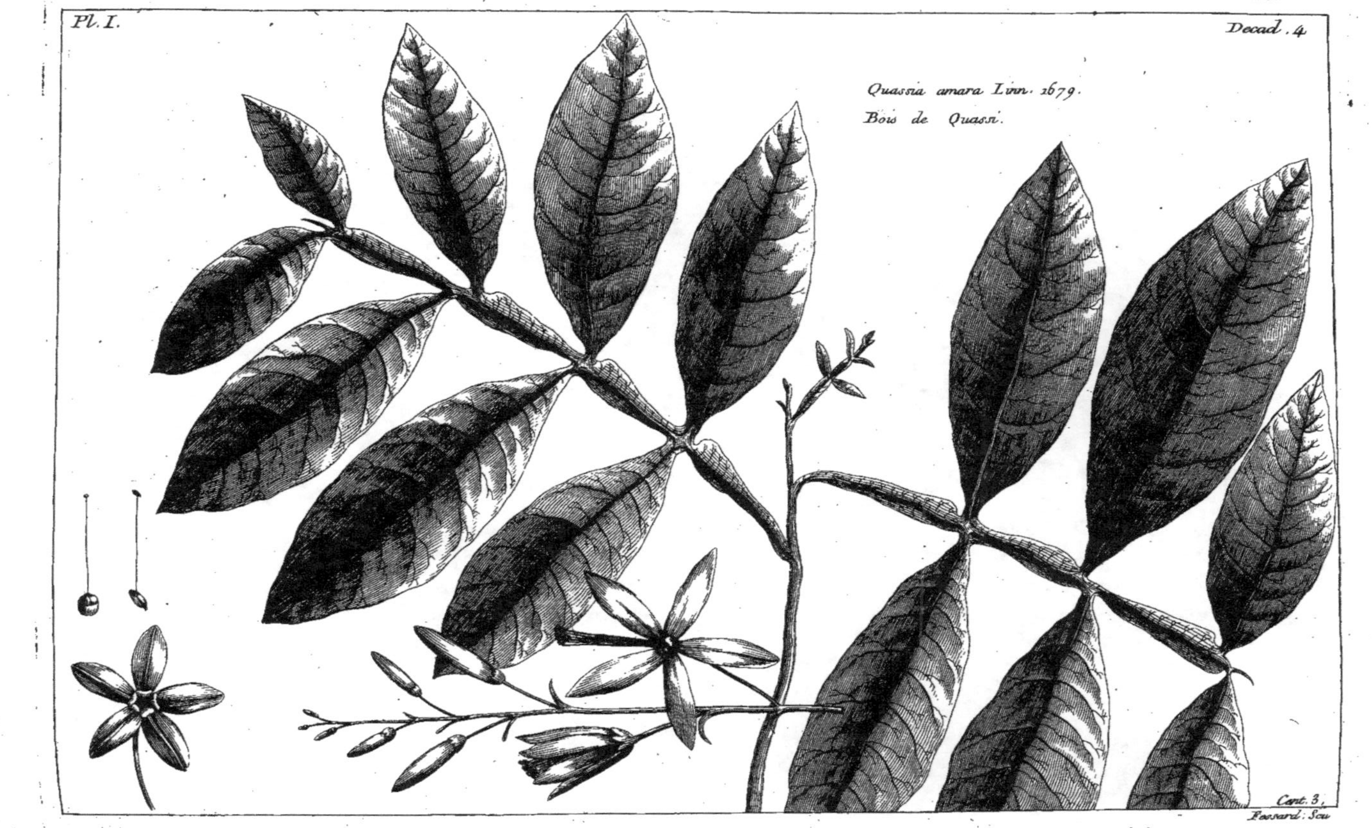

Pl. I.
Decad. 4.
Quassia amara Linn. 1679.
Bois de Quassi.
Cent. 3.
Fossard. Scu

Pl. II.
Decad. 4.
Bocconia frutescens. Linn. Sp.
plant. 684.
Grande Chelidoine en Arbre
à feuilles de Chesne.
Cent. 3.
Fessard. Scu.

Lignum emanum. Rumph. T. 3. p. 49.
Bois des Montagnes d'Ema.

Cent. 3.

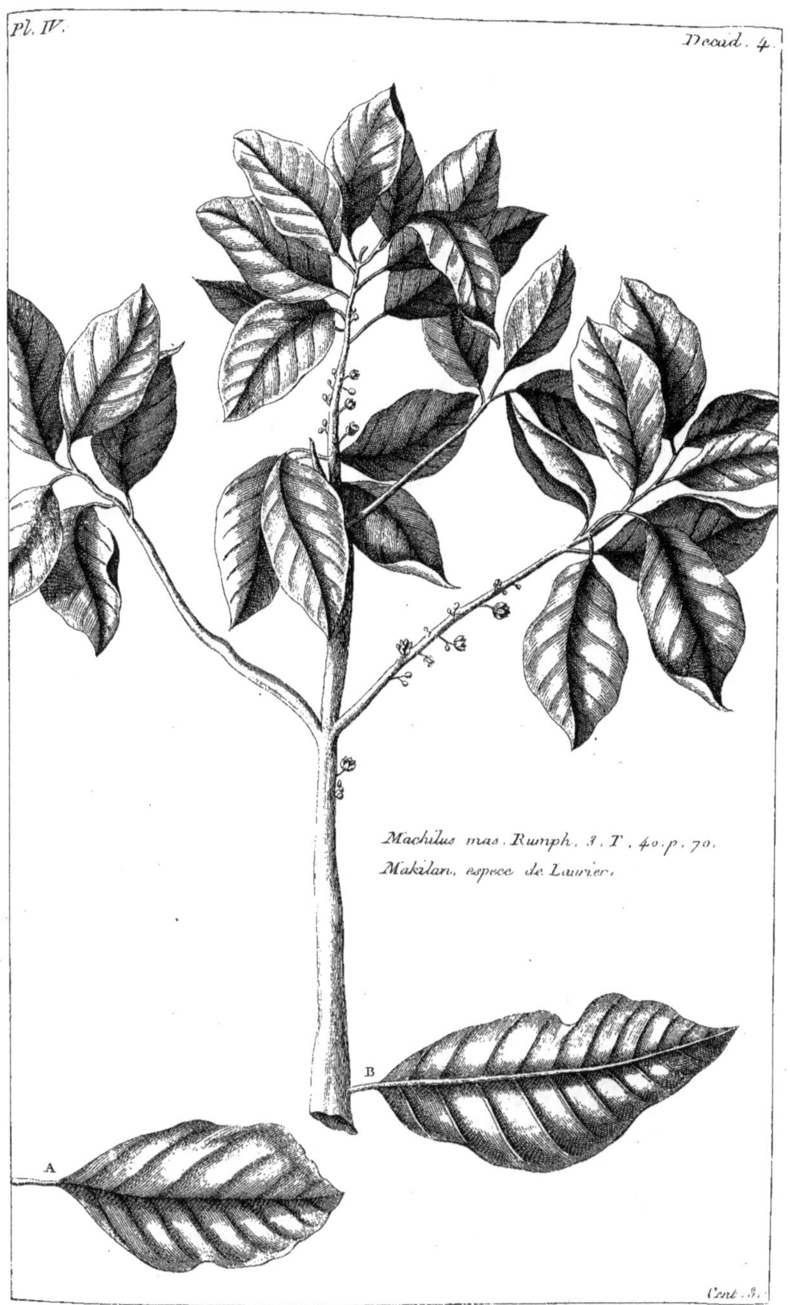

Machilus mas. Rumph. 3. T. 40. p. 70.
Makilan, espece de Laurier.

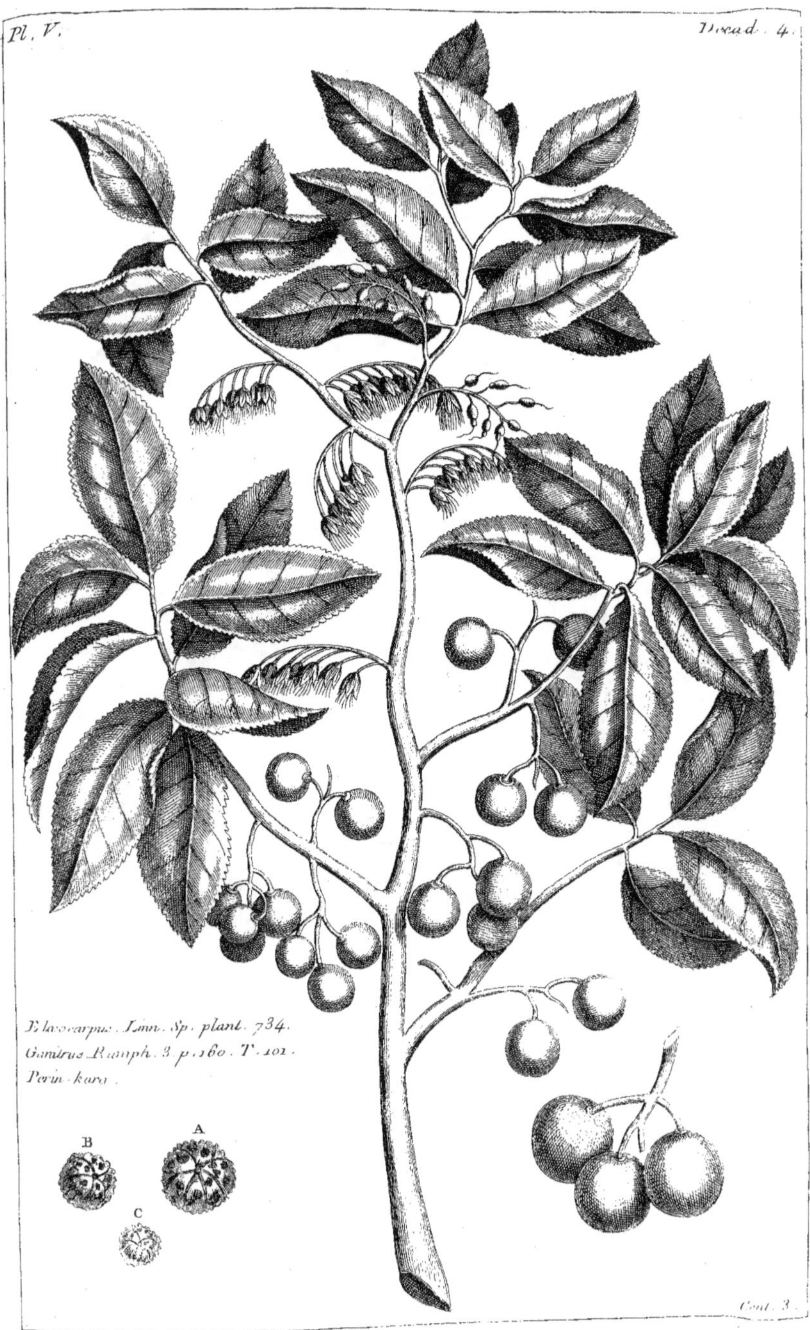

Pl. V.
Decad. 4.
Elæocarpus. Linn. Sp. plant. 734.
Ganitrus Rumph. 3. p. 160. T. 101.
Perin-kara.
B
A
C
Cent. 3.

Pl. II.
Decad. 4.
Crinum asiaticum. Linn. Sp.
plant. 419.
Radix Toxuaria. Rumph. a.
p. 155. T. 69.
Lis de Ceylan.
B
A
Cent. 3.

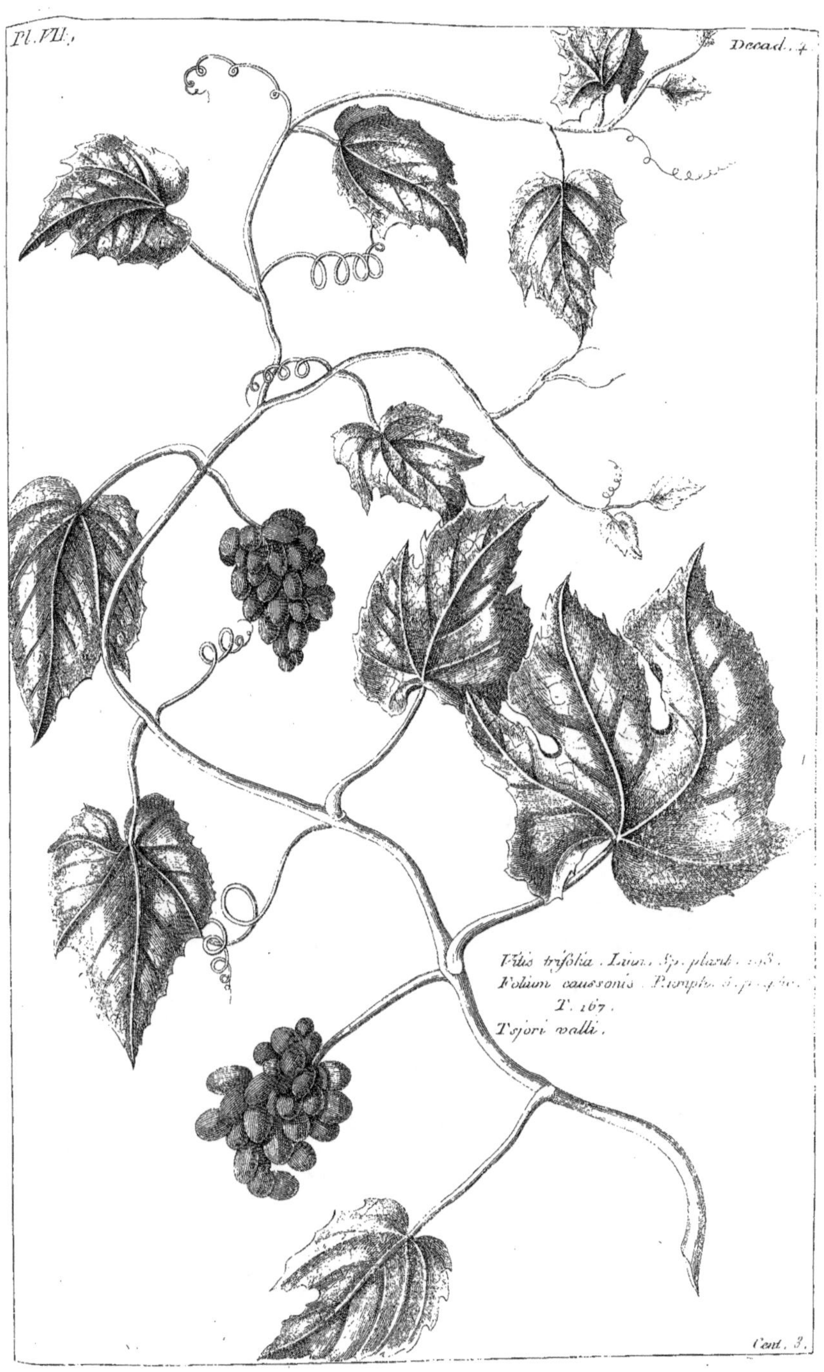

Pl. VII.
Decad. 4.
Vitis trifolia. Linn. Sp. plant. 293.
Folium caussonis. Pluknet. …
T. 167.
Tsjori valli.
Cent. 3.

Fig. 1. Cassia sophera. Linn. Sp. pl. 542.
Gallinaria acutifolia. Rumph. 5. p. 283.
T. 97.
Ponnam Tongera.
Fig. 2. Cassia tora. Linn. Sp. plant. 538.
Cassia siliqua quadrangulari. dill.
elth. 72. p. 63.
Espece de Séné.
Fig. 1.
Fig. 2.

Fig. 1. Arbor nigra latifolia. Rumph. 3.
p. 13. T. 4.
Aymetten palcku.
Arbre Noir.
Fig. 2. Arbor nigra angustifolia Rumph. ibid.
Caju arang utan.
Fig. 1.
A
B   B
Fig. 2.

Pl. X.
Decad. 4.
Pseudo china amboinensis. Rumph. 6. p. 440.
T. 162.
Smilax indica. Spinosa, folio cinnamomi.
pseudo china quibusdam. mus. zeyl.
p. 22.
Salsepareille de Virginie,
A
Cent. 3.

Pl. I.
Decad. 5.
Mirabilis foliis cordatis viscoso villosis superne
amplexicaulibus ramis diffusis
floribus longissimis . h. reg . rhotomagensis
catalog.
Belle de Nuit . à tube oblong.
Cent. 3.
M.ᵉ Pinard . del.
Fessard . Sculp.

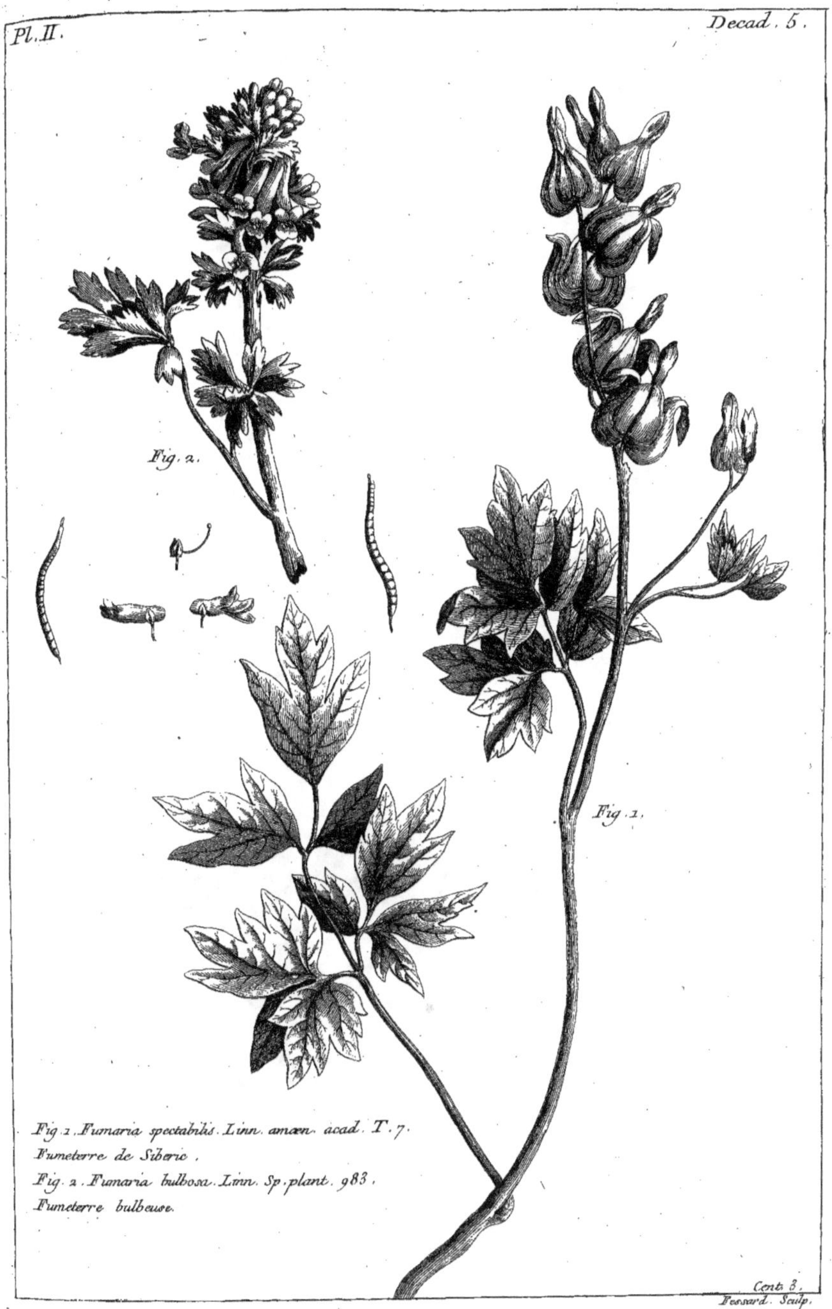

Fig. 1. Fumaria spectabilis. Linn. amœn. acad. T. 7.
Fumeterre de Siberie.
Fig. 2. Fumaria bulbosa. Linn. Sp. plant. 983.
Fumeterre bulbeuse.

Tanarius major. Rumph. 3. p.192.
T. 122.
Okir.

Pl. IV.
Decad. 5.
Eugenia aculangula. Linn. Sp. plant. 673.
Butonica terestris rubra. Rumph. 3. p. 181. T. 116.
Tsieria samstravadi. hort. malab.
Cent. 3.

Arbor facum major. Rumph. 3. p. 79.
T. 49.
Caju lobe.
Grand Arbre à Torche.

Cent. 3.

Pl. VI.
Decad. 6.
Timonius. Rumph. 3. p. 216.
T. 140.
Timon.
Cent. 3.

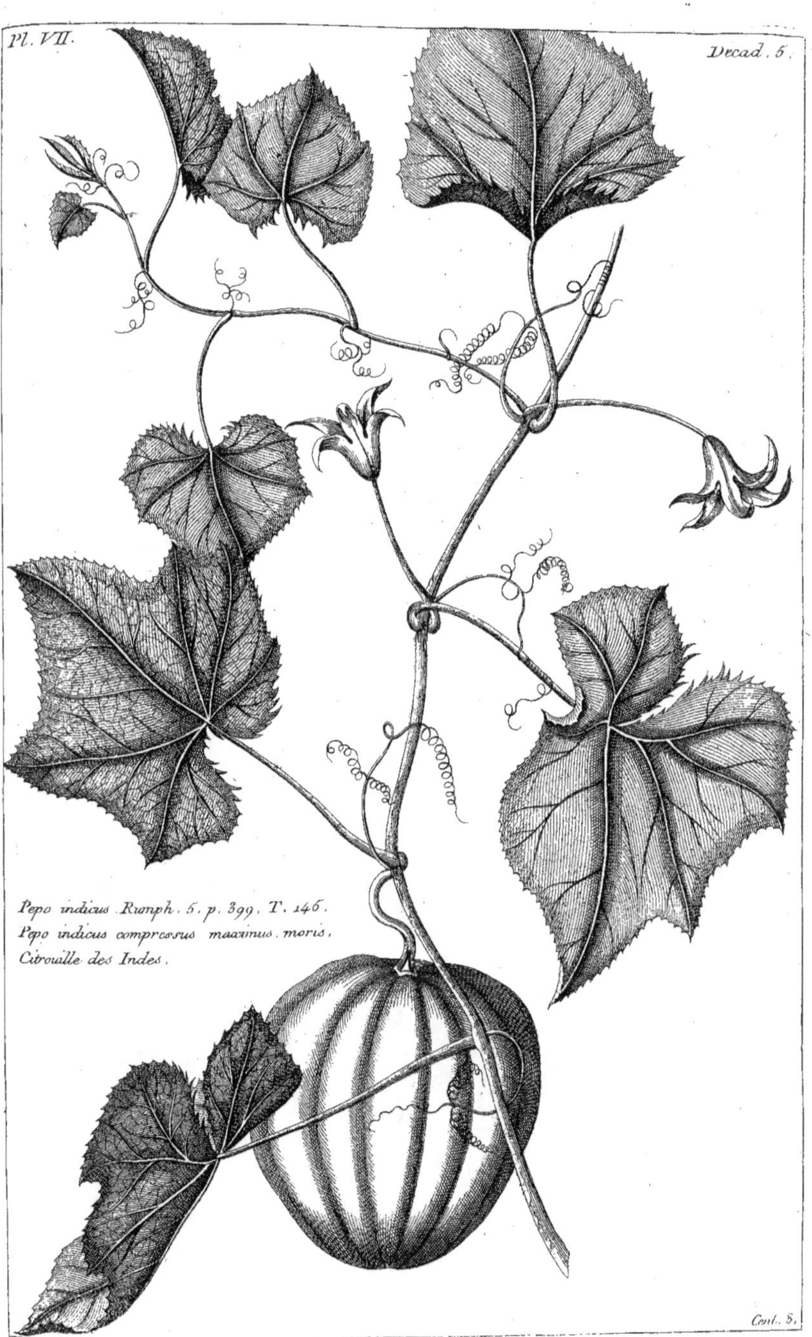
Pepo indicus. Rumph. 5. p. 399. T. 146.
Pepo indicus compressus maximus. moris.
Citrouille des Indes.

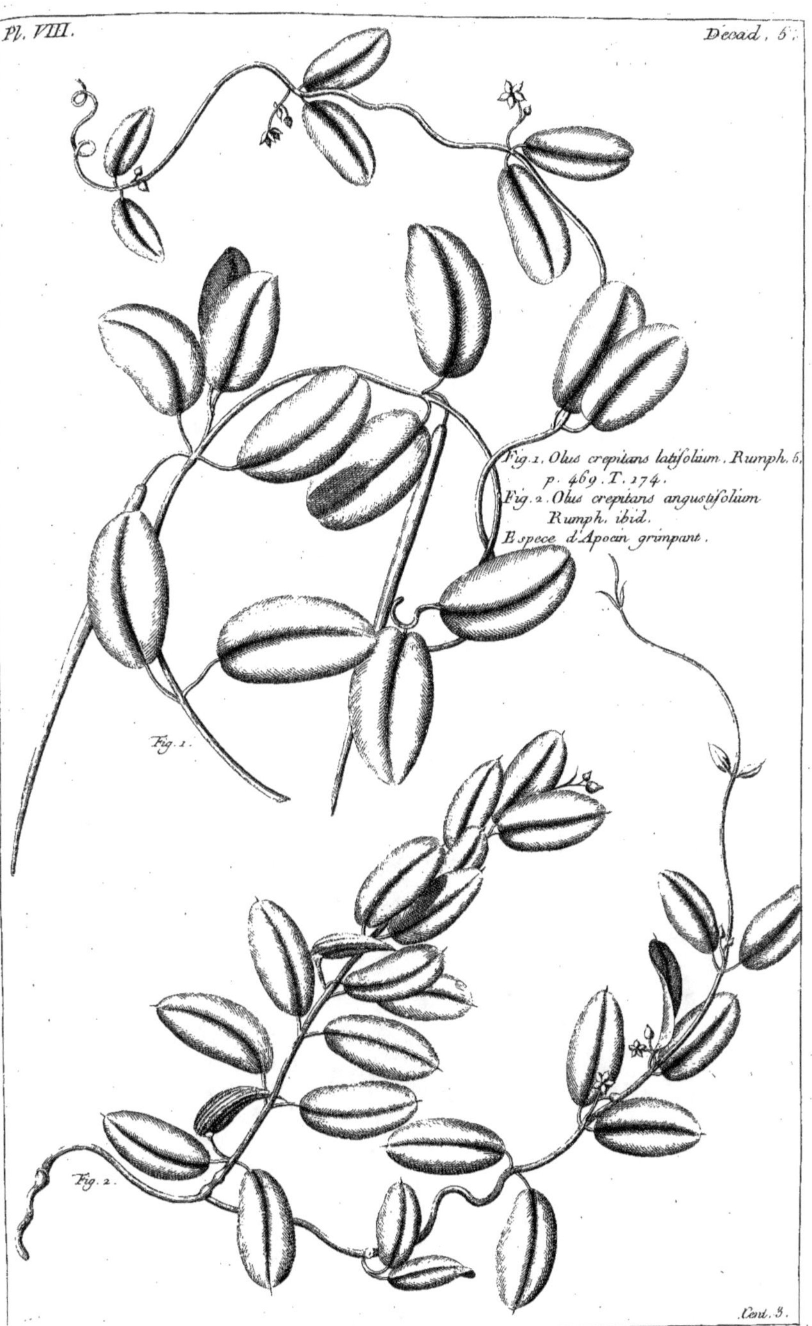
Fig. 1. Olus crepitans latifolium. Rumph. 6.
p. 469. T. 174.
Fig. 2. Olus crepitans angustifolium
Rumph. ibid.
Espece d'Apocin grimpant.
Fig. 1.
Fig. 2.

Pl. IX.
Decad. 5.
Fig. 1. Folium mensarium Rumph. 6.
p. 143. T. 62.
Kokin.
Fig. 2. Folium buccinatum asperum.
Rumph. ibid.
Riud lacki lacki.
Fig. 1
Fig. 2
Cent. 3.

Pl. X.
Decad. 5.
Fig. 1. Amomum zerumbet. Linn. Sp. plant. 1.
Lampujum majus Rumph. 5. p. 150. T. 64.
Gingembre.
Fig. 2. Lampujum Sylvestre minus Rumph.
Fig. 2.
Fig. 1.
Cent. 3.

Salicaria foliis lanceolatis petiolatis asperis H.R.P.
Lythrum carthagenense Jacq. am. 148.
Cuffea. broun
Herba delthoro. espag.
Salicaire à feuilles rudes, lanceolées.
Pl. I.
Decad. 6.
Cent. 3.
Femme Fessard del.
Fessard Sculp.

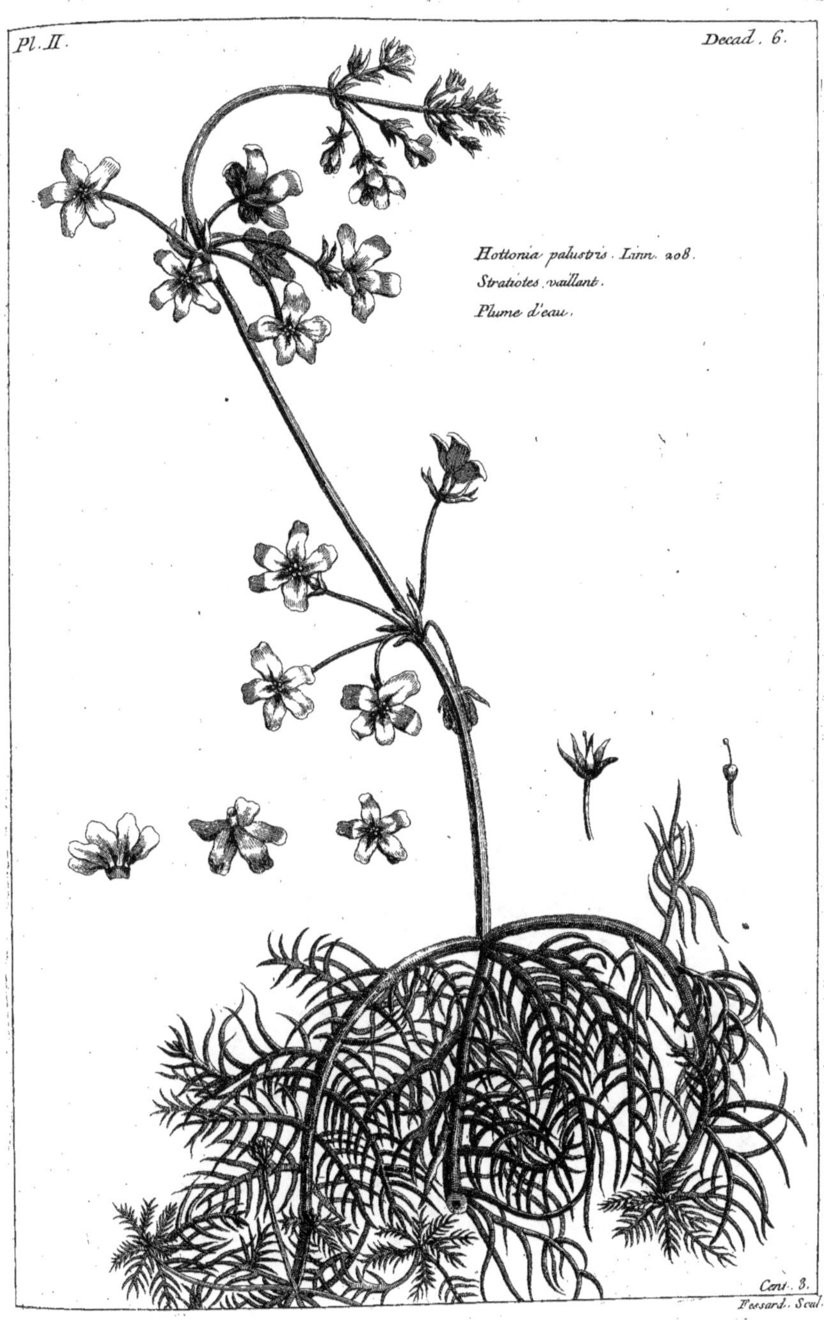

Pl. II.
Decad. 6.
Hottonia palustris. Linn. 208.
Stratiotes vaillant.
Plume d'eau.
Cent. 3.
Fessard. Scul.

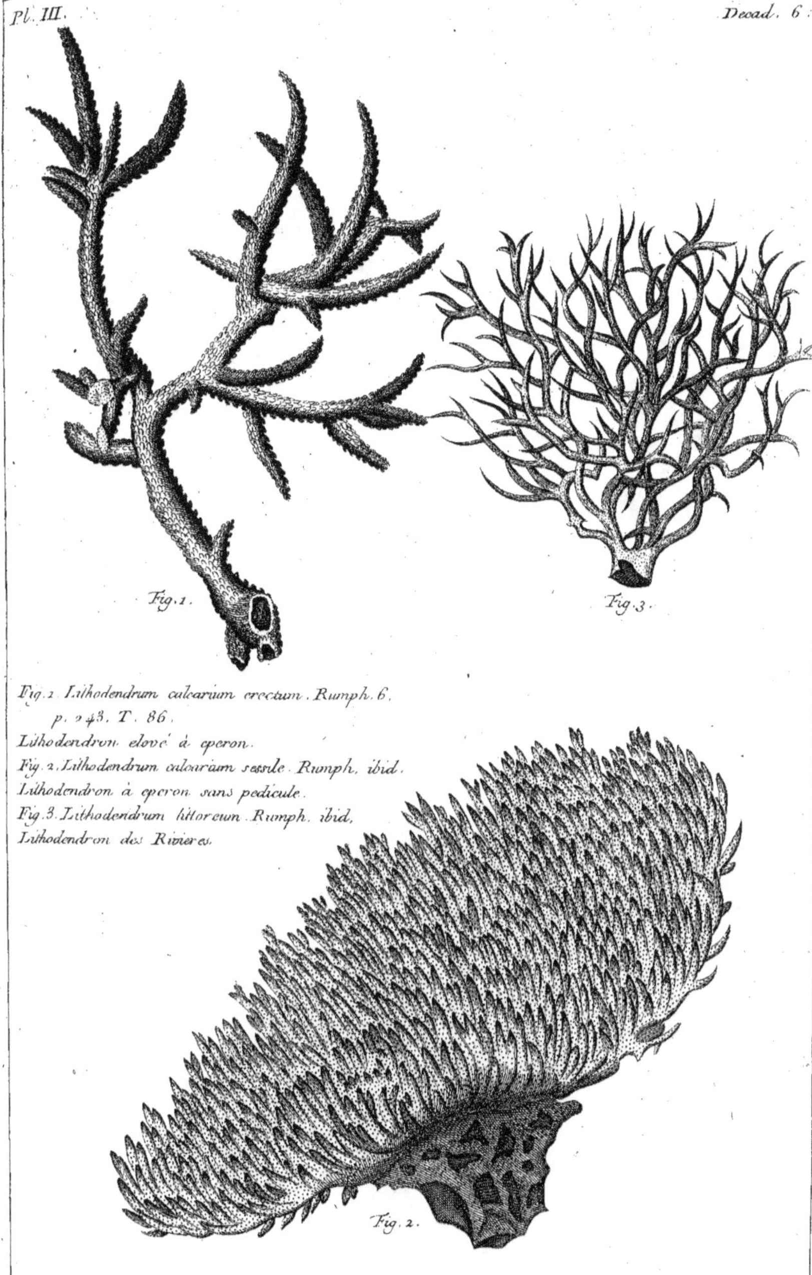

Fig. 1. Lithodendrum calcarium erectum. Rumph. 6.
   p. 243. T. 86.
Lithodendron elevé à eperon.
Fig. 2. Lithodendrum calcarium sessile. Rumph. ibid.
Lithodendron à eperon sans pedicule.
Fig. 3. Lithodendrum littoreum. Rumph. ibid,
Lithodendron des Rivieres.

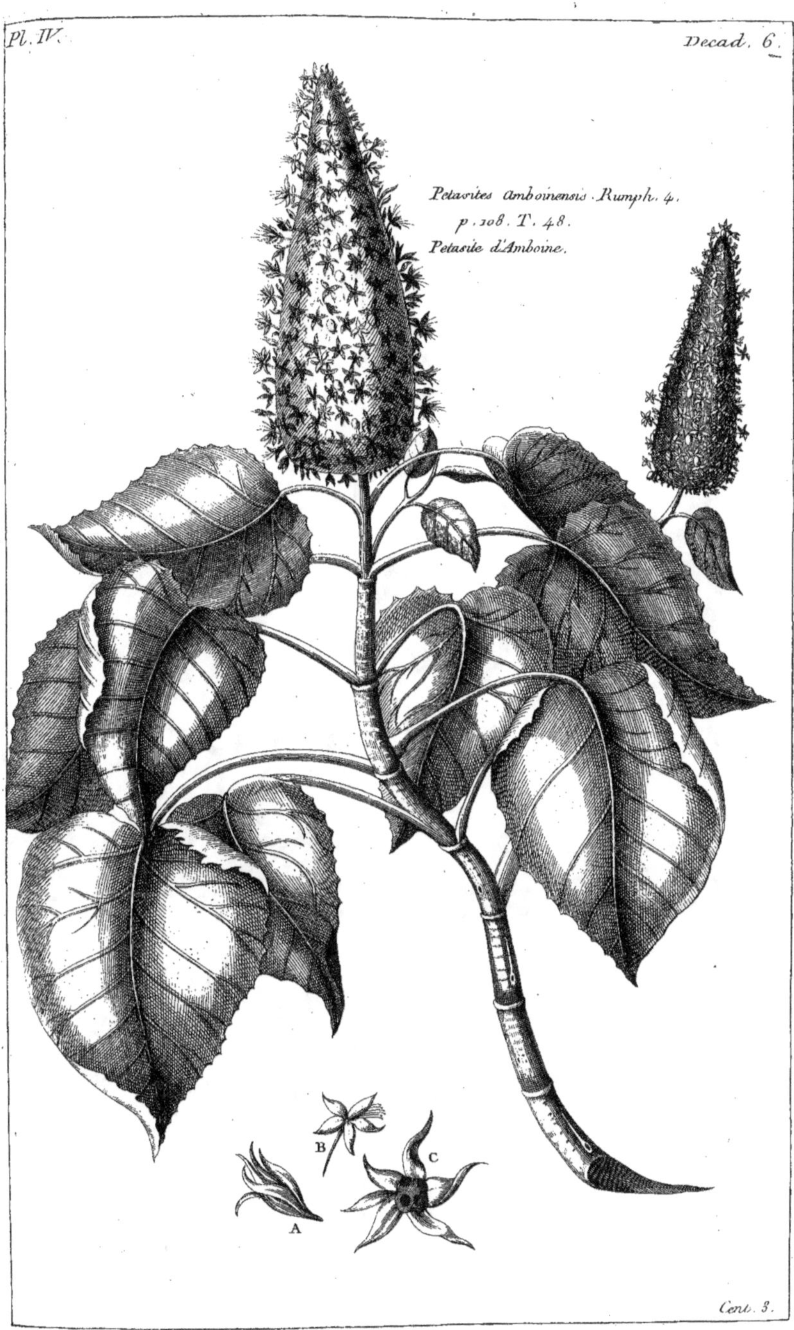

Petasites amboinensis. Rumph. 4.
p. 108. T. 48.
Petasite d'Amboine.
A
B
C

Clerodendrum infortunatum. Linn. Sp. plant. 889.
Peragu. hort. malab.

Pl. VI.
Decad. 6.
Fig. 2.
Fig. 1. Cauda felis agrestis rubra. Rumph. 4. p. 86.
T. 37.
Fig 2. Cauda felis agrestis alba Rumph. ibid.
Queue de Chat.
Fig. 1.
Cent. 3.

Pl. VII.
Decad. 6.
Folium calcosum. Rumph. 4.
p. 130. T. 64.
Daun capur.
A
B
Cent. 3.

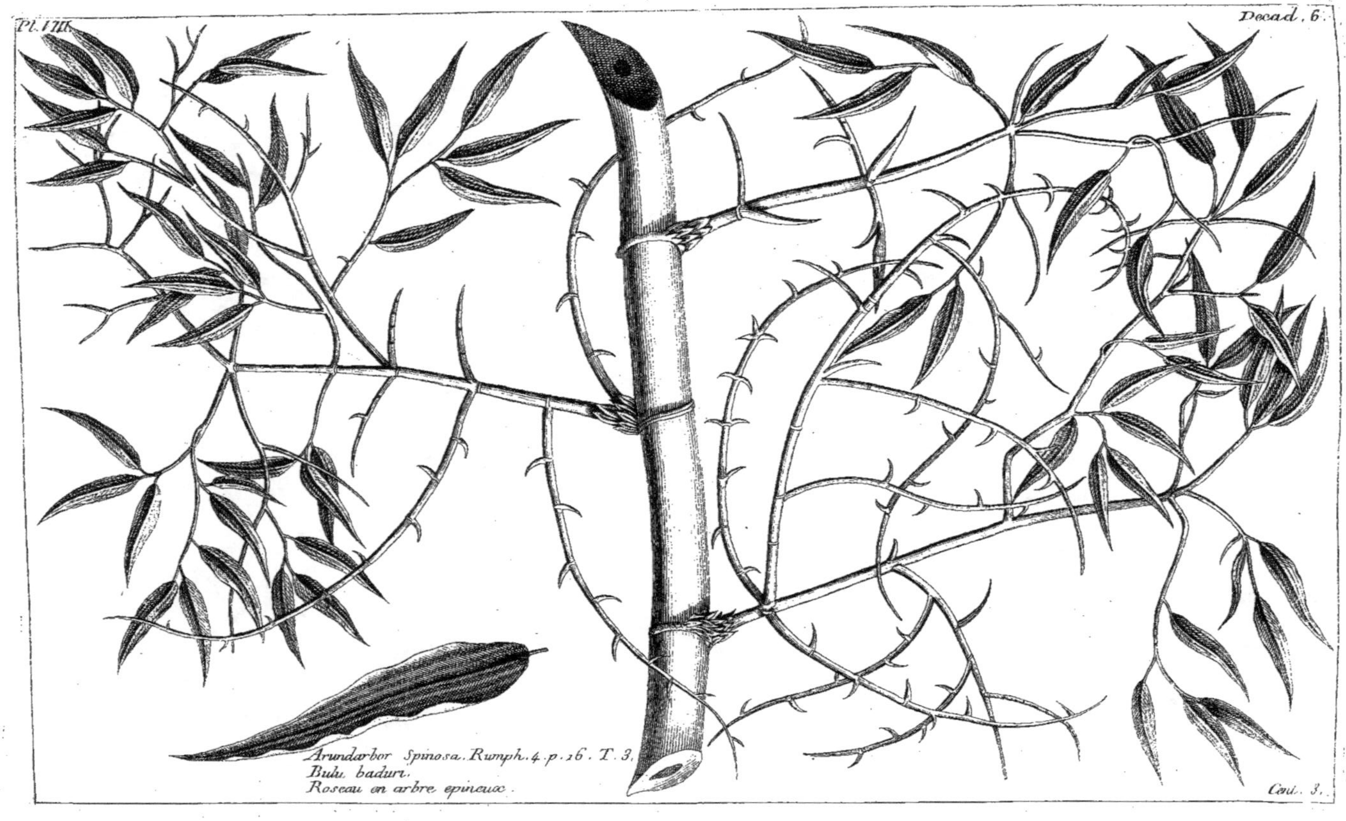

Pl. VIII.
Decad. 6.
Arundarbor Spinosa. Rumph. 4. p. 16. T. 3.
Bulu baduri.
Roseau en arbre epineux.
Ceil. 3.

Cortex saponarius. Rumph. 4. p. 132.
T. 66.
Langir.

Œschynomene indica. Linn. Sp.
plant. gajatus. Rumph. 4.
p. 66. T. 24.
Neli-tali. espece de Coronille.

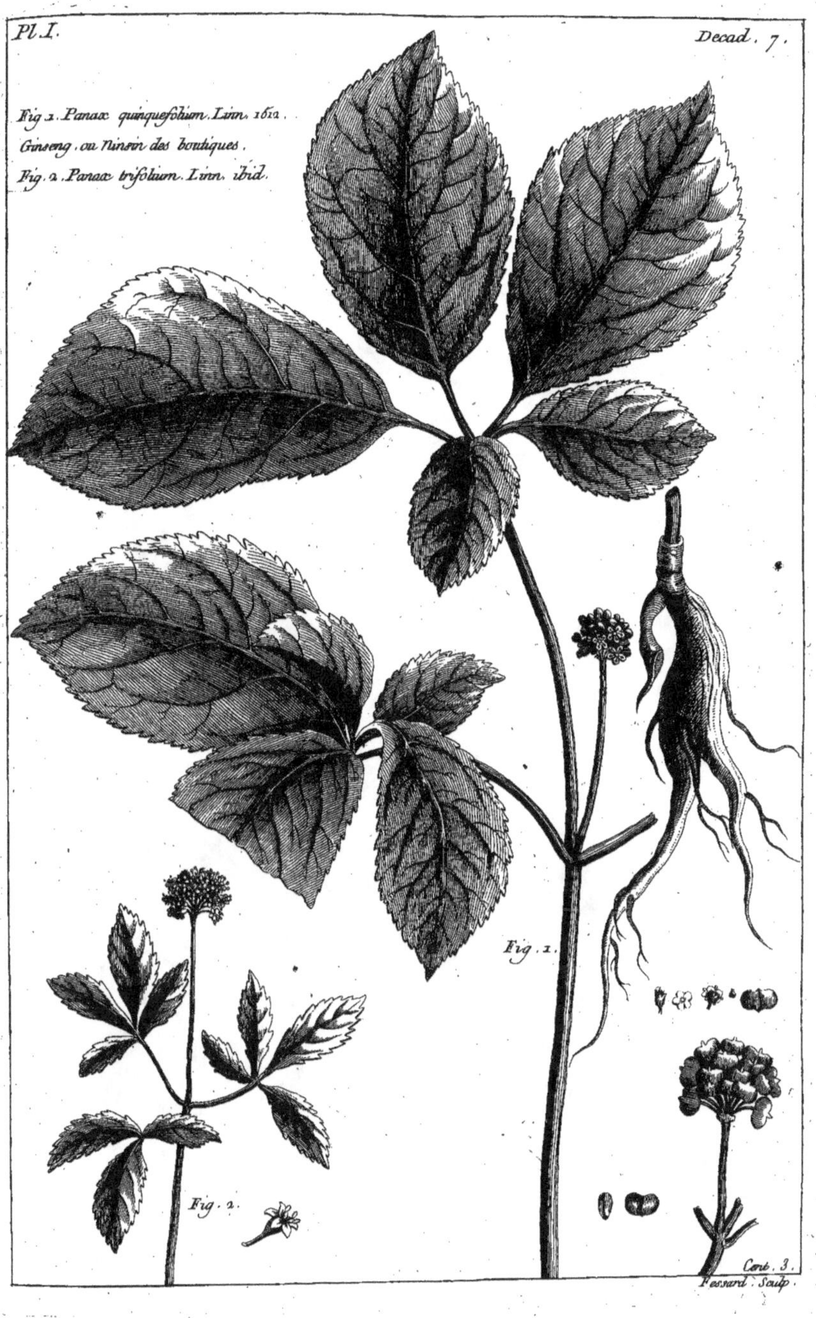

Pl. I.
Decad. 7.
Fig. 1. Panax quinquefolium. Linn. 1512.
Ginseng, ou Ninsin des boutiques.
Fig. 2. Panax trifolium. Linn. ibid.
Fig. 1.
Fig. 2.
Cent. 3.
Fessard Sculp.

Fructus regis Rumph. auct. p. 3a. T. 16.
Helicteres isora. Linn. Sp. plant. 1366.
Fruit de roy.
A
B
C
D
E
E

Pl. III.
Decad. 7.
Lignum mucosum. Rumph. 3.
p. 204. T. 130.
Caju lapia.
Cent. 3.

Dolichos lignosus. Linn. Sp. plant.
Cacara perennis. Rumph. 5. p. 379.
T. 136.
Feve de 7. ans.

Pl. V.
Décad. 7.
Spermacoce. Linn. Sp. plant. 147.
Crateogonum amboinicum. Rumph. 6.
p. 26. T. 10.
Rosmarin d'Amboine.
Cent. 3.

Pl. VI.
Decad. 7.
Flos manoræ. Rumph. 5. p. 55. T. 30.
Jasminum Arabicum foliis limonii conjugatis
flore albo pleno odoratissimo. Boer.
Ind. H. L. Bat.
Jasmin d'Arabie à fleurs doubles.
A
Cent. 3.

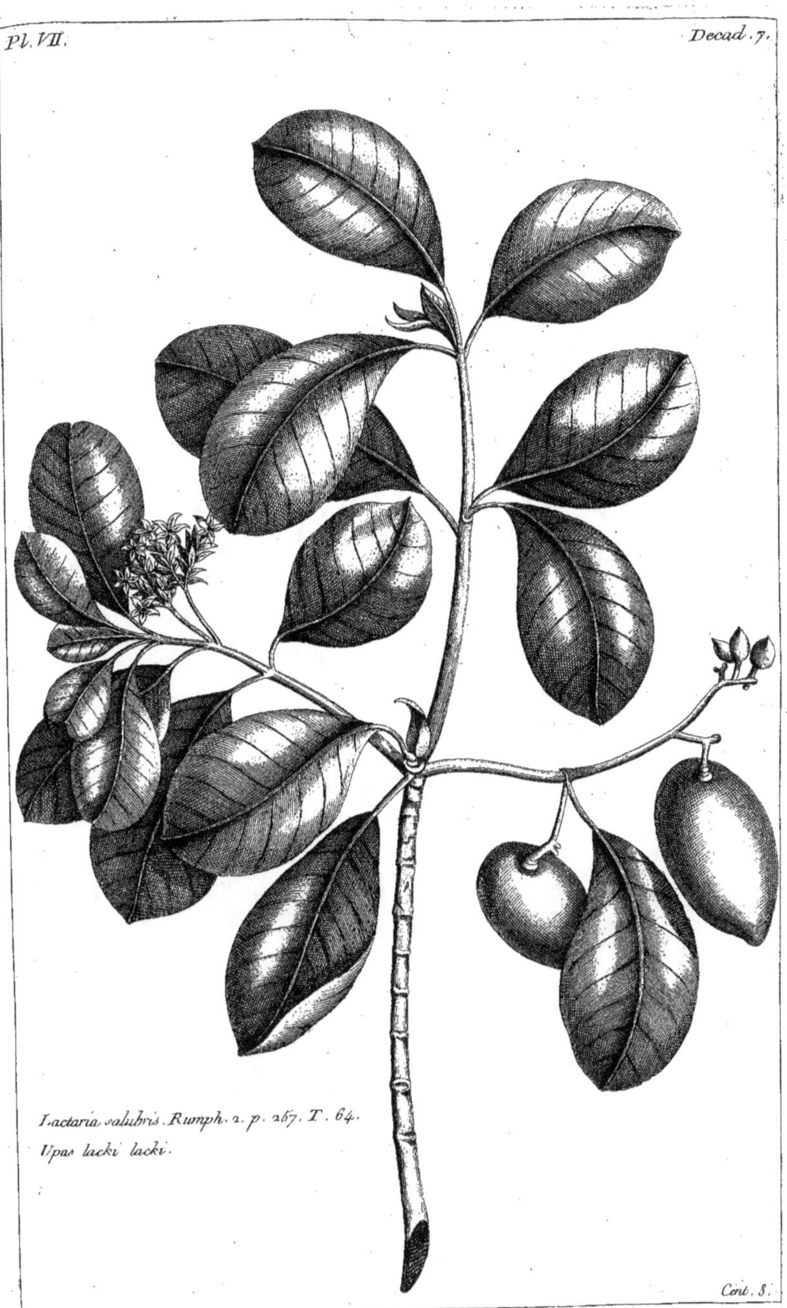

Lactaria salubris. Rumph. 2. p. 267. T. 64.
Upas lacki lacki.

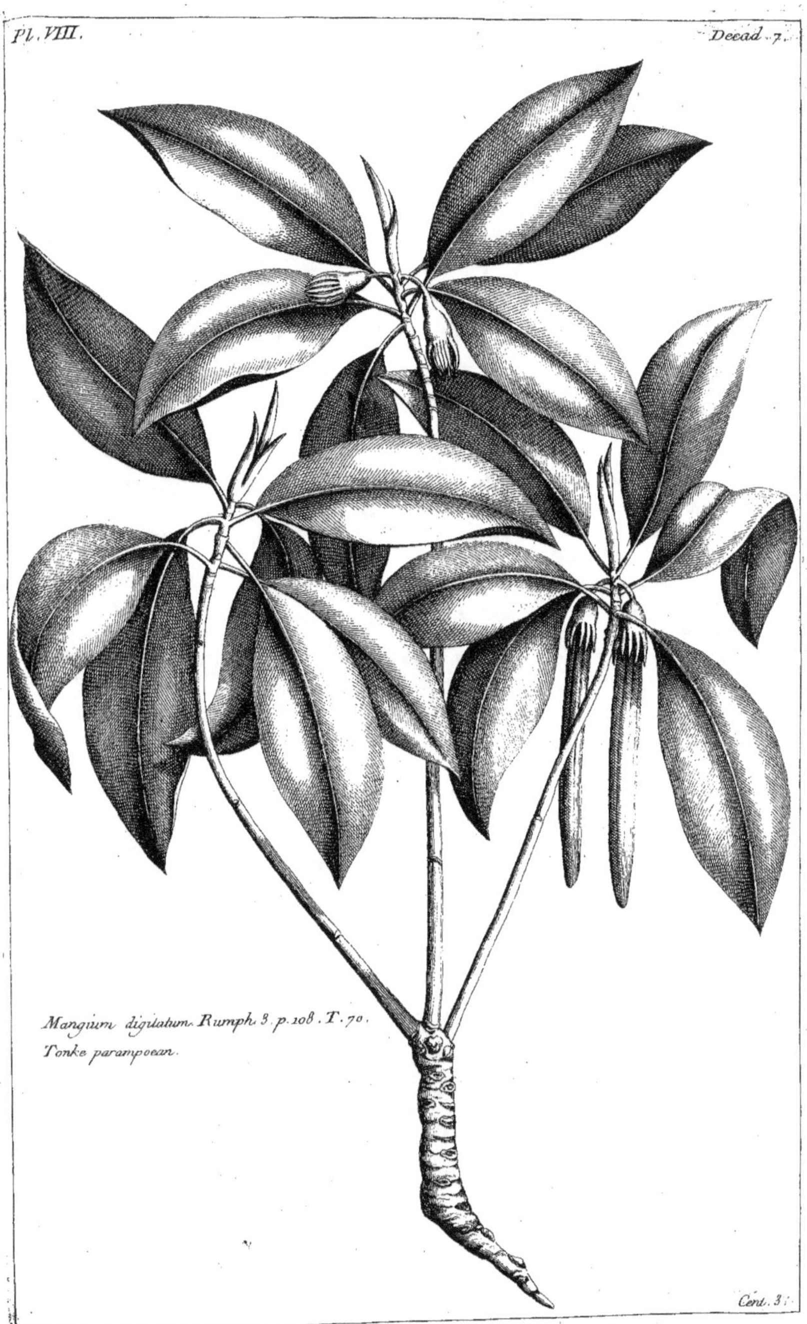

Pl. VIII.

Decad. 7.

Mangium digitatum. Rumph. 3. p. 108. T. 70.
Tonke parampoean.

Cent. 3.

Rhizophora corniculata Linn. Sp.
plant. .635.
Mangium fruticosum corniculatum.
Rumph. 3.p.177. T.77.
Tubu Tubu.

Nux moschata sylvestris foliis oblongo acutis
integris, flore et fructu racemoso olivæ formi.
palala quinta seu globularia. Rumph. 2.
p. 29. T. 9.
Noix muscatte sauvage.

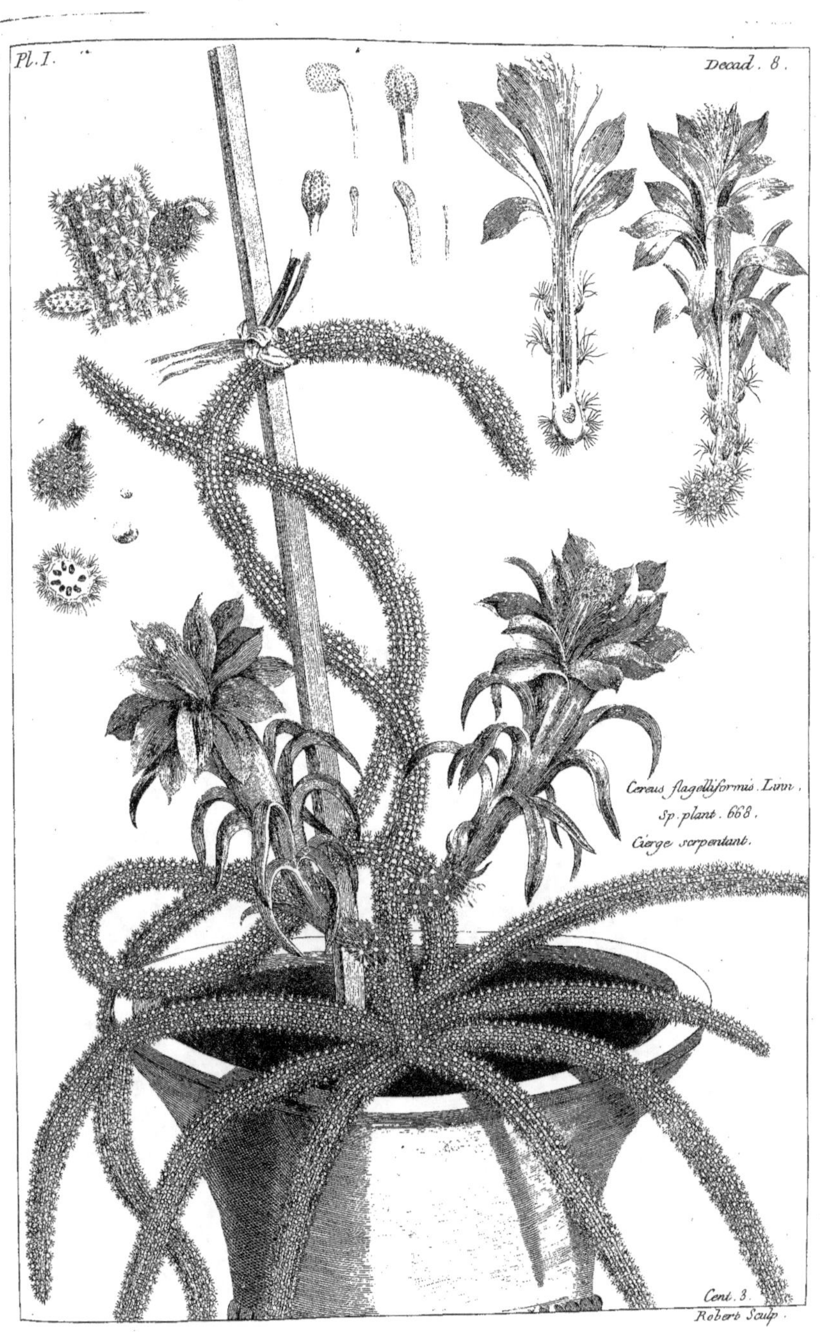

Pl. I.
Decad. 8.
Cereus flagelliformis. Linn.
Sp. plant. 668.
Cierge serpentant.
Cent. 3.
Robert Sculp.

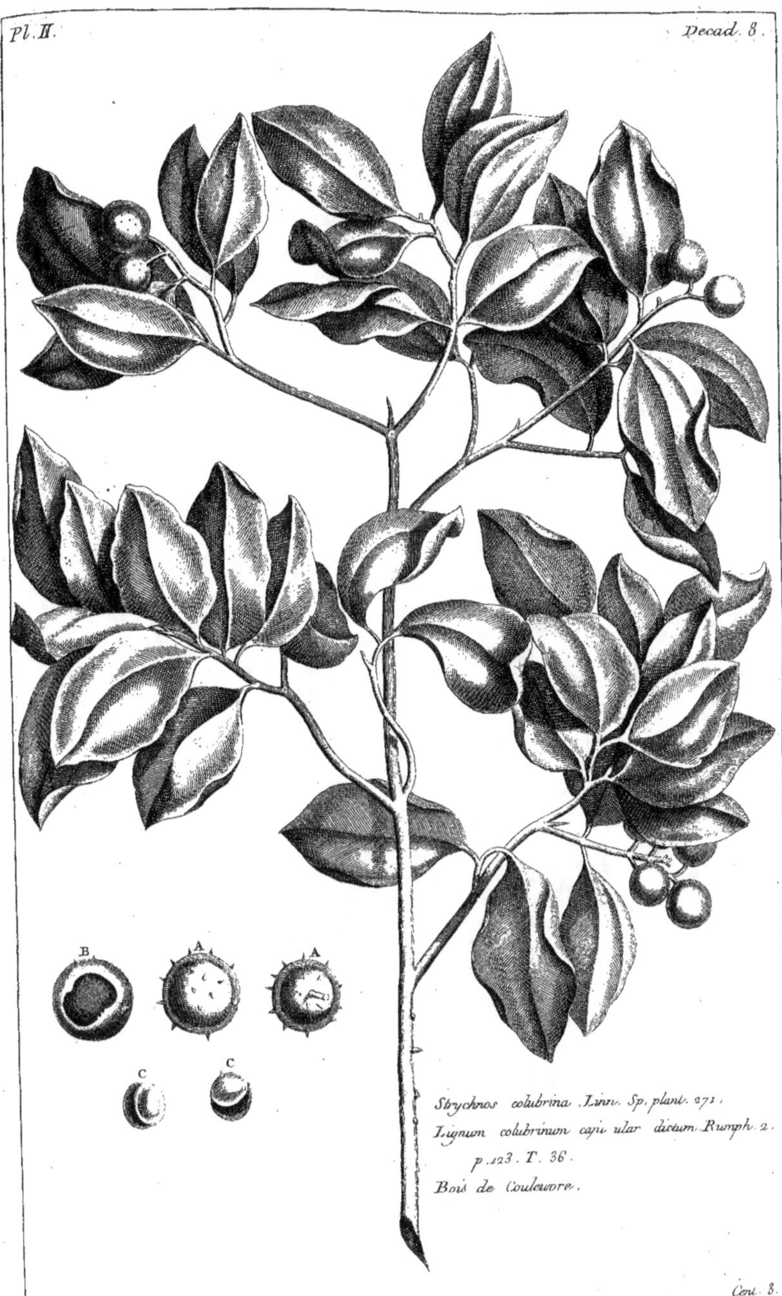

Strychnos colubrina. Linn. Sp. plant. 271.
Lignum colubrinum capsular dictum. Rumph. 2.
p. 123. T. 36.
Bois de Couleuvre.

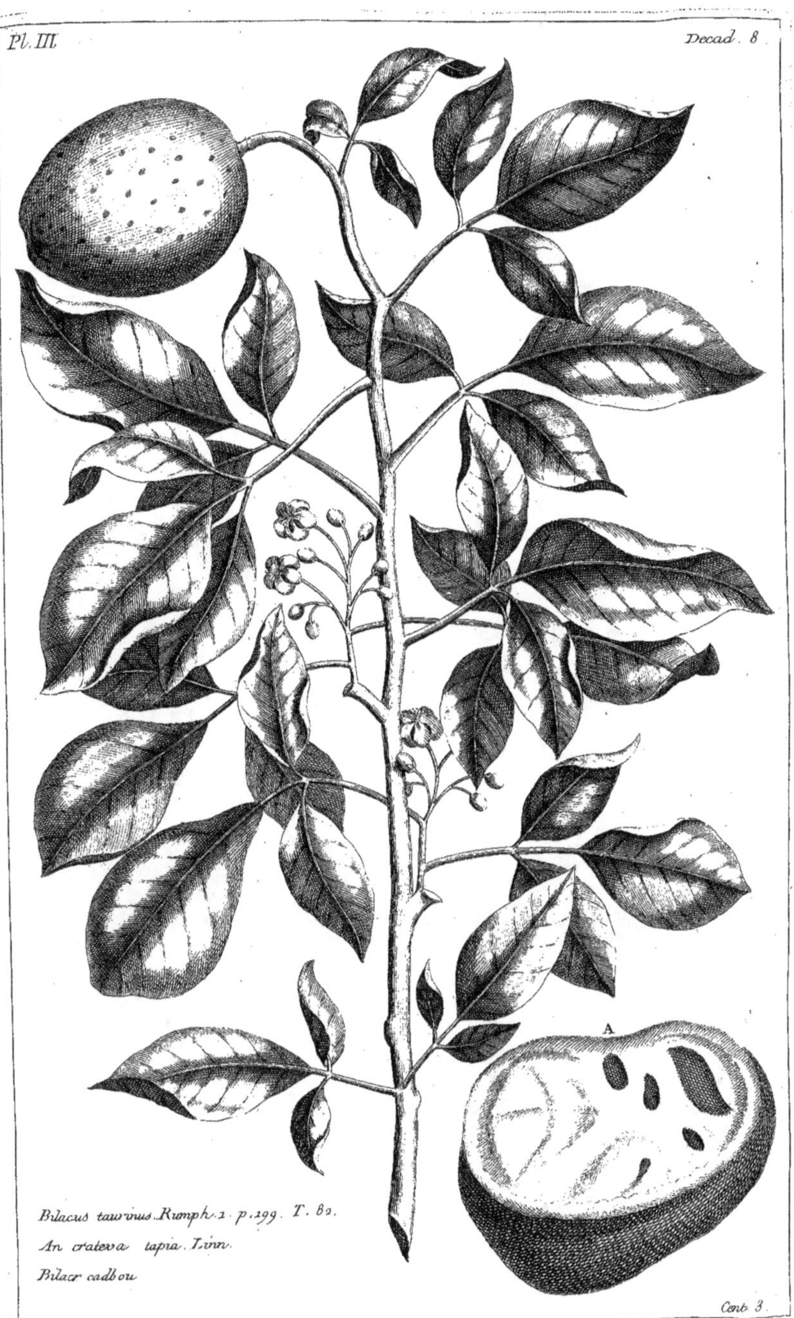

Bilacus taurinus. Rumph. 1. p. 199. T. 82.
An crateva tapia. Linn.
Bilacr cadbou

Cent. 3.

Arbor nuda, quæ boa tay cambing incolis
dicitur. Rumph. 3. p. 90. T. 59.
Arbre nud.

Pl. V.
Decad. 8.
Cudranus sylvestris Amboinensis Ruonph. 5.
p. 26. T. 16.
Cudrang. utan.
Cent. 3.
a

Ochna jabotapia. Linn.

Metrosideros spuria. Rumph. 3. p. 28. T. 13.

Ana ewan.

Pl. VII.
Decad. 8.
Manguim porcellaracum, Rumph. 3. p. 226.
T. 64.
Brappat gelang.
Cent. 3.

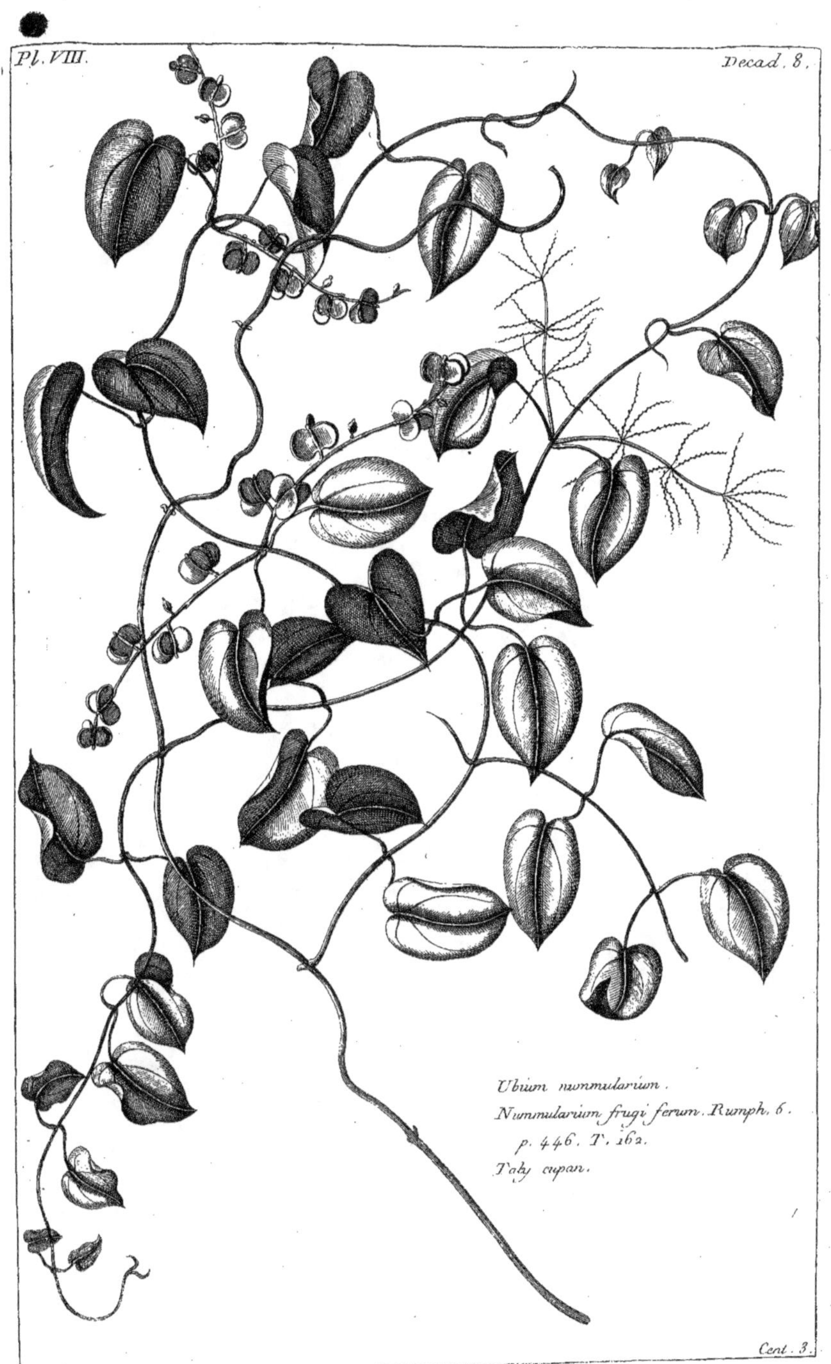

Ubium nummularium.
Nummularium frugiferum. Rumph. 6.
p. 446. T. 162.
Taly cupan.

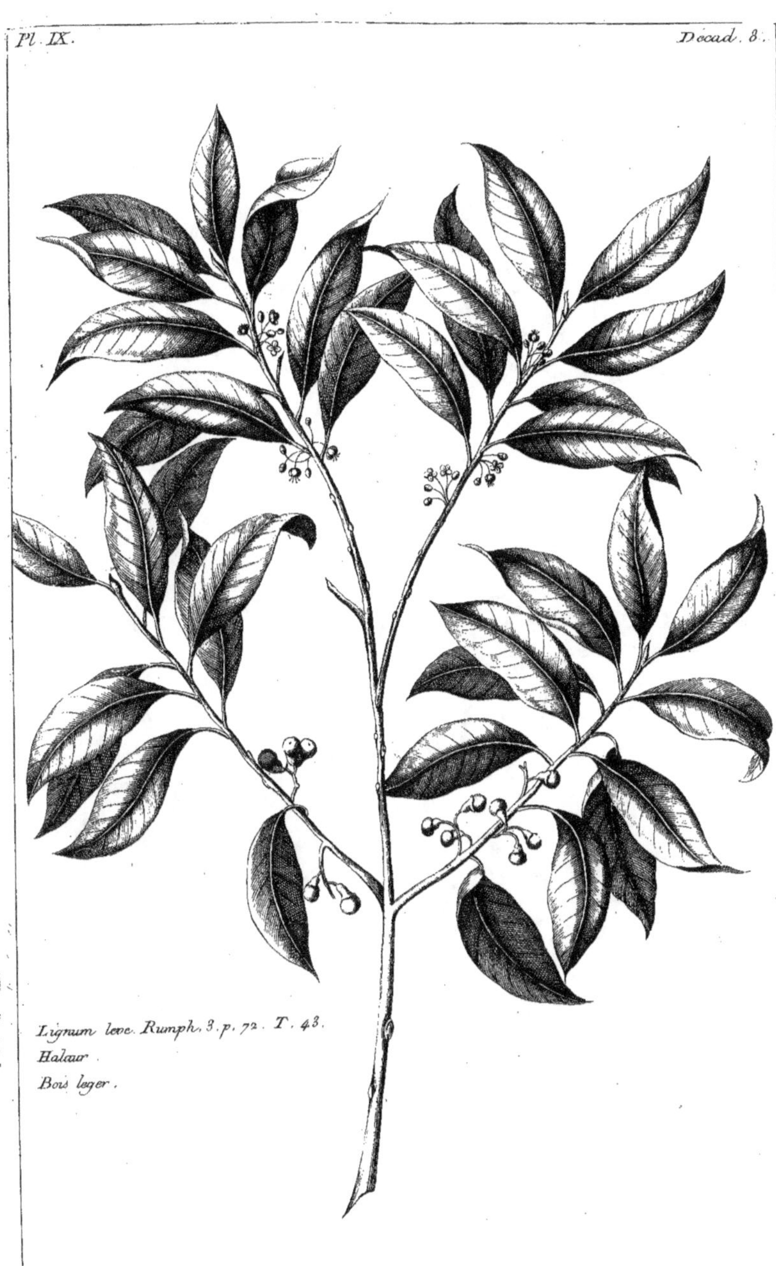

Lignum leve. Rumph. 3. p. 72. T. 43.
Halaur.
Bois leger.

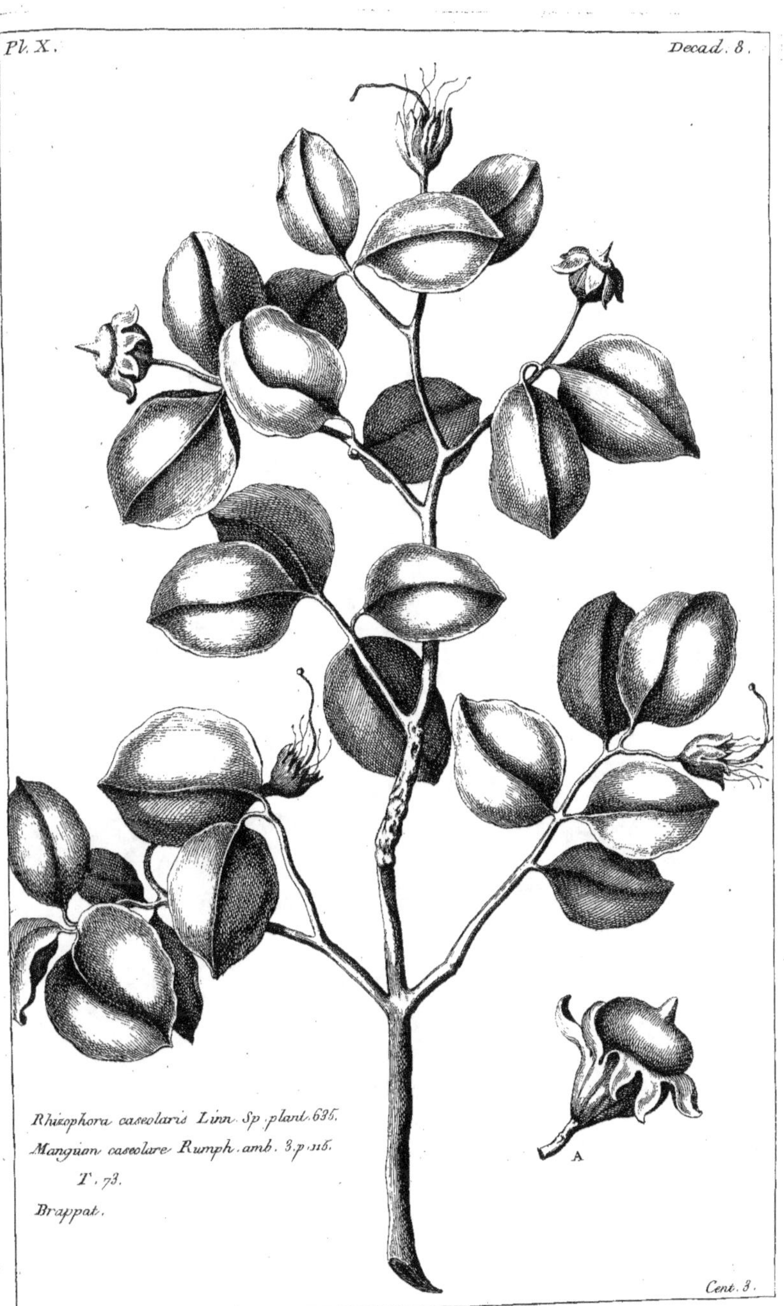
Rhizophora caseolaris Linn. Sp. plant. 635.
Manguon caseolare Rumph. amb. 3. p. 116.
T. 73.
Brappat.
A

Fig. 1. Vinca rosea Linn. Sp. plant. 305.
Pervenche de Madagascar
Fig. 2. Volkameria aculeata. Linn. Sp. plant. 889.
Troesne epineux de la Jamaique.

Cont. 3.
Fessard. Sculp.

M.ᵉ Pinard. del.

Morinda citrifolia. Linn. Sp. plant. 260.
Bancudus latifolia. Rumph. 3. p. 159. T. 199
Coda-pilava.
A
Cent. 5.

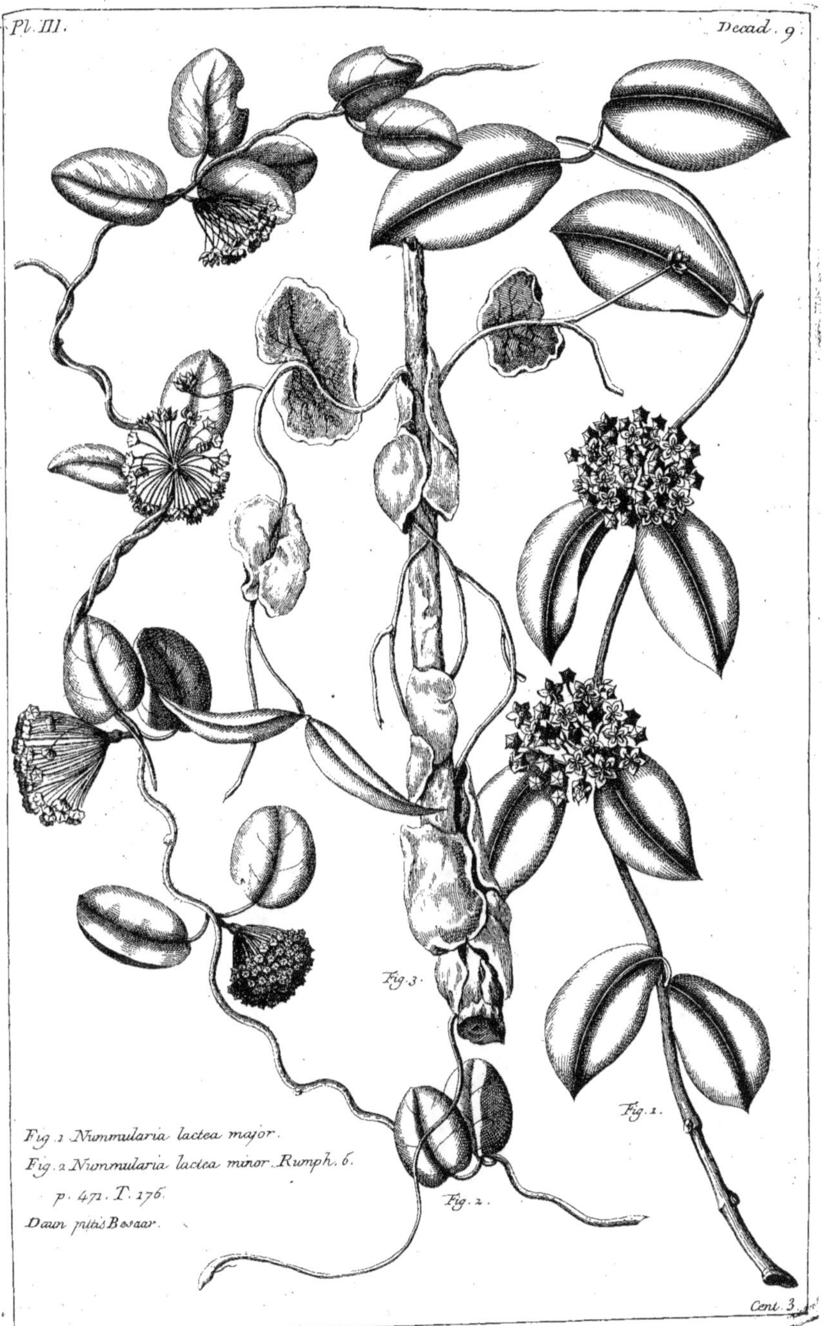

Pl. III.
Decad. 9.
Fig. 1.
Fig. 2.
Fig. 3.
Fig. 1 Nummularia lactea major.
Fig. 2 Nummularia lactea minor. Rumph. 6.
p. 471. T. 176.
Daun pitis Besaar.
Cent. 3.

Fig. 2.
Fig. 3.
Fig. 1. Menthastrum
amboinicum Rumph.
6. p. 161. T. 68.
Basilic d'Amboine.
Fig. 2. Ophioglosson
symplex. ibid.
Herbe sans couture.
Fig. 3. Ophioglossum
laciniatum. ibid.
Herbe sans couture
à feuilles laciniées.
Fig. 1.

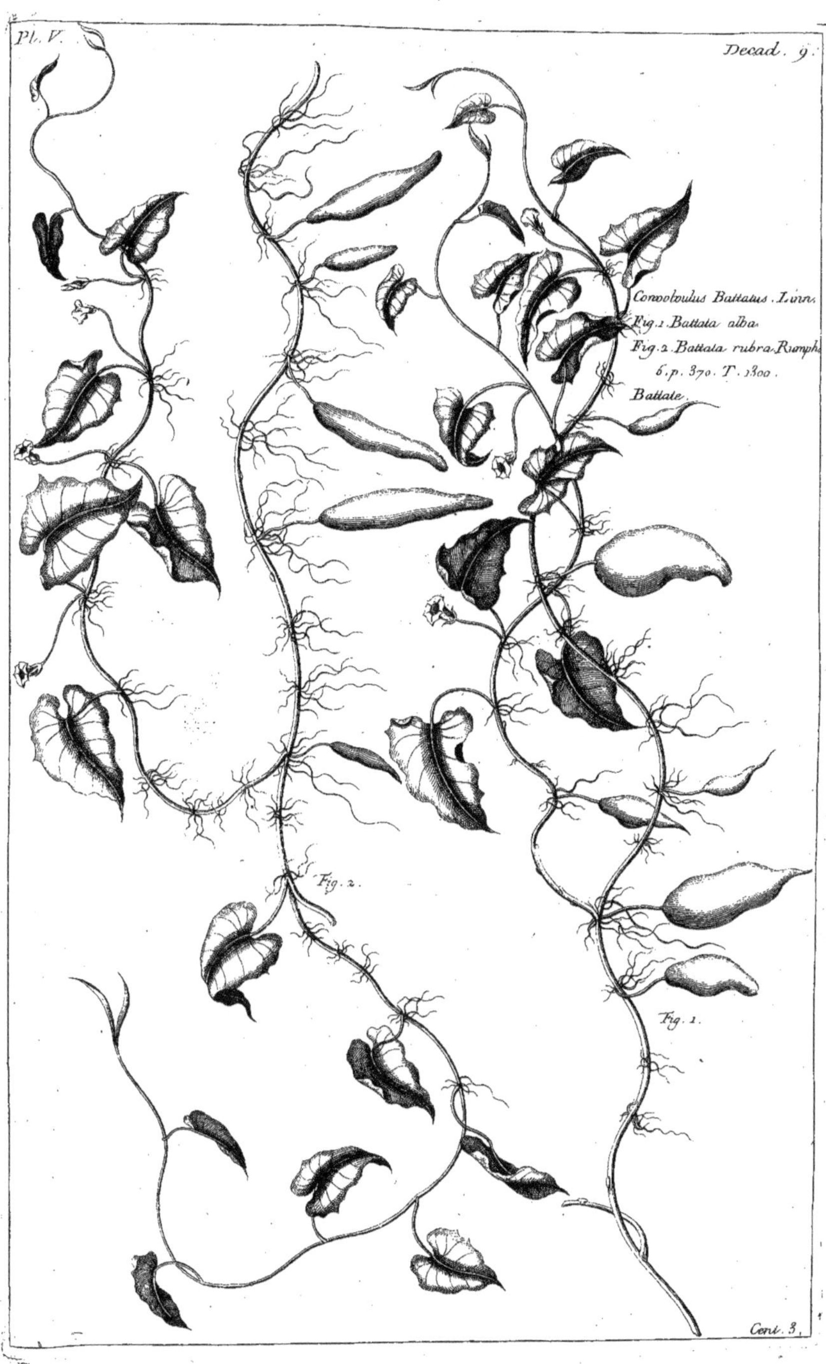

Pl. V.
Decad. 9.
Convolvulus Battatus. Linn.
Fig. 1. Battata alba.
Fig. 2. Battata rubra. Rumph.
6. p. 370. T. 130.
Battate.
Fig. 2.
Fig. 1.
Cent. 3.

Pl. VI.
Decad. 9.
Fig. 1. Guilandina minor foliolis acutis
caule et fructu aculeatis. Rumph.
T. 6. p. 94. T. 49.
Fig. 2 Nugæ sylvarum minimæ ibid.
Amusettes des Bois.
Fig. 1.
Fig. 2.
Cont. 3.

Pl. VII.
Decad. 9.
C
B
D
E
Fig. 1. Fungus elatus
cochlearis.
Champignon à pedicules elevés
en forme de cuilliers.
Fig. 2. Fungus digitatus.
Champignon digité.
Fig. 3. Fig. 3. Autre varieté du Cham-
pignon digité.
Fig. 4. Tuber regium.
Espece de Truffe royale.
Fig. 1.
A
Fig. 2.
Fig. 4.
Cent. 3.

Pl. VIII.
Decad. 9.
Funis crepitans. Rumph. 6. p. 448.
T. 164.
Tali babouyi. espece de Liseron.
Fig. 1.
Fig. 2.
Cont. 3.

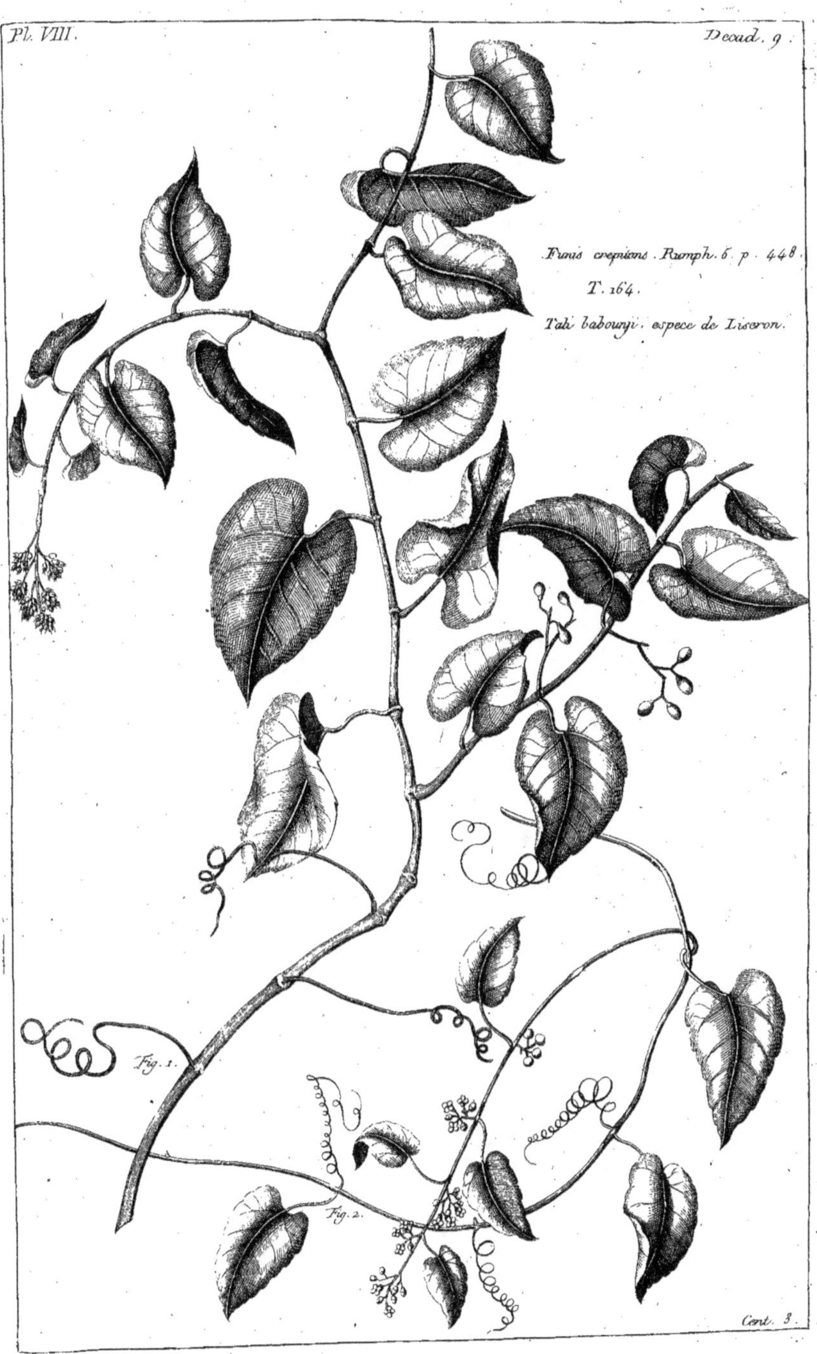

Pl. LX.
Decad. 9.
A
B C D D
Phyllanthus foliis pinnatis floriferis
caule arboreo fructu baccato.
Linn. flor. zeyl.
Mirobolanus embilica. Rumph. auct.
p. 2. T. 1
Myrobolans
Cent. 3

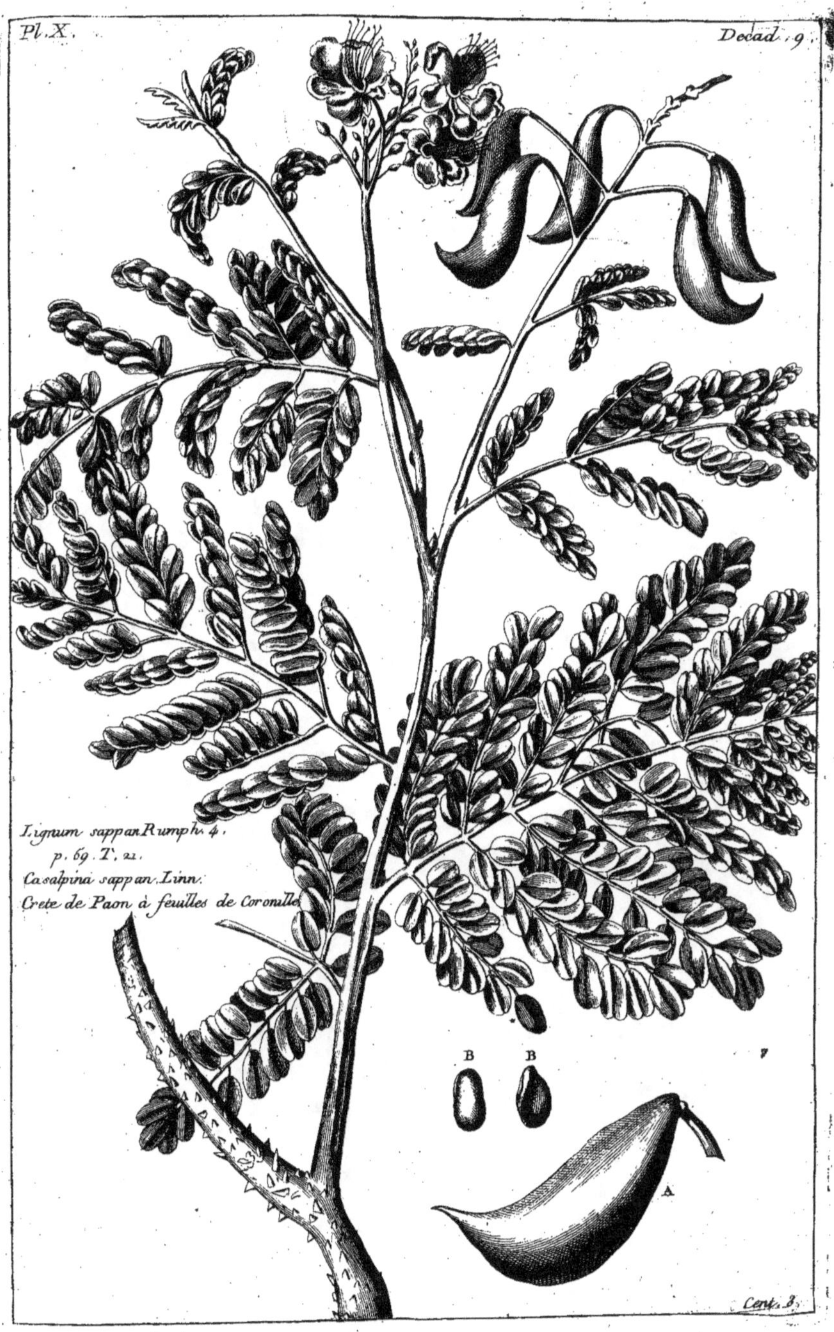

Lignum sappan Rumph. 4.
p. 69. T. 22.
Casalpina sappan. Linn.
Crete de Paon à feuilles de Coronille
B
B
A

Pl. I.
Decad. 10.
Cacalia atriplicifolia. Linn. Sp. plant. 1170.
Porophyllum foliis deltoidibus angulatis. gron.
virg. 1. p. 94.
Nard. d'Amerique.
Cent. 3.
M.lle Basseporte del.
Fessard Sculp.

Pl. II.
Decad. 10.
Eugenia jambos Linn.
Jambosa sylvestris alba. Rumph. 1.
p. 228. T. 39.
Jamby utan puti.
Cent. 3.

Pl. III.
Decad. 10.
Prunum stellatum. Rumph. 5. p. 118. T. 36.
Malus Indica fructu acido, flavo, pentagono,
sulcato. herm. mus. zey.
Blimbing, Prune des Indes.
B
A
Cent. 3

Pl. IV.
Decad. 10.
Psidium guajava pedunculis unifloris. Linn.
Guajavus domestica. Rumph. 1. p. 142. T. 47.
Guajave.
B
A
Cent. 5.

Pl. V.
Decad. 20. 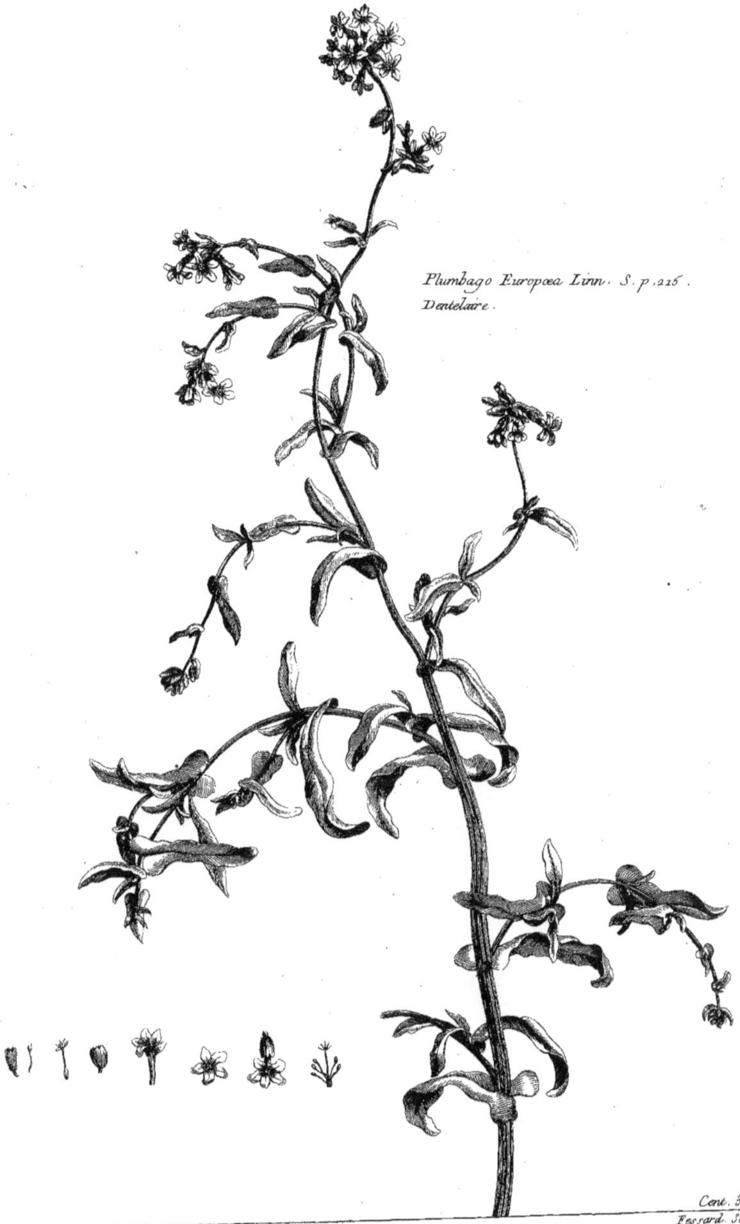
Plumbago Europœa Linn. S. p. 215.
Dentelaire.
Cent. 3.
M.ⁱ Pinard del.
Fessard Sculp.

Pl. VI.
Decad. 10.
Saccus arboreus minor. Rumph. 2.
p. 209. T. 31.
Tsjampadaba.
A
C
B
Cent. 3.

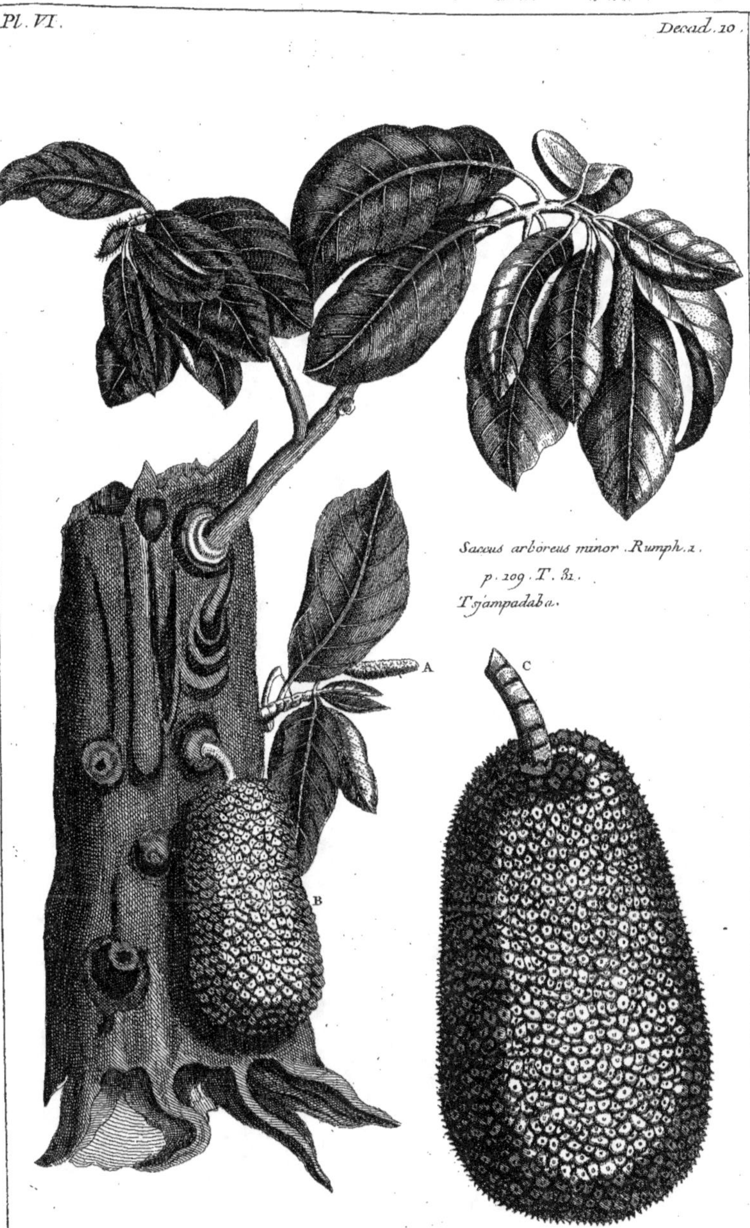

Commelina zanonia Linn. Sp. plant. 61.
Zanonia graminea perfoliata. plum gen. 38.
La Commelin. d'Amerique.

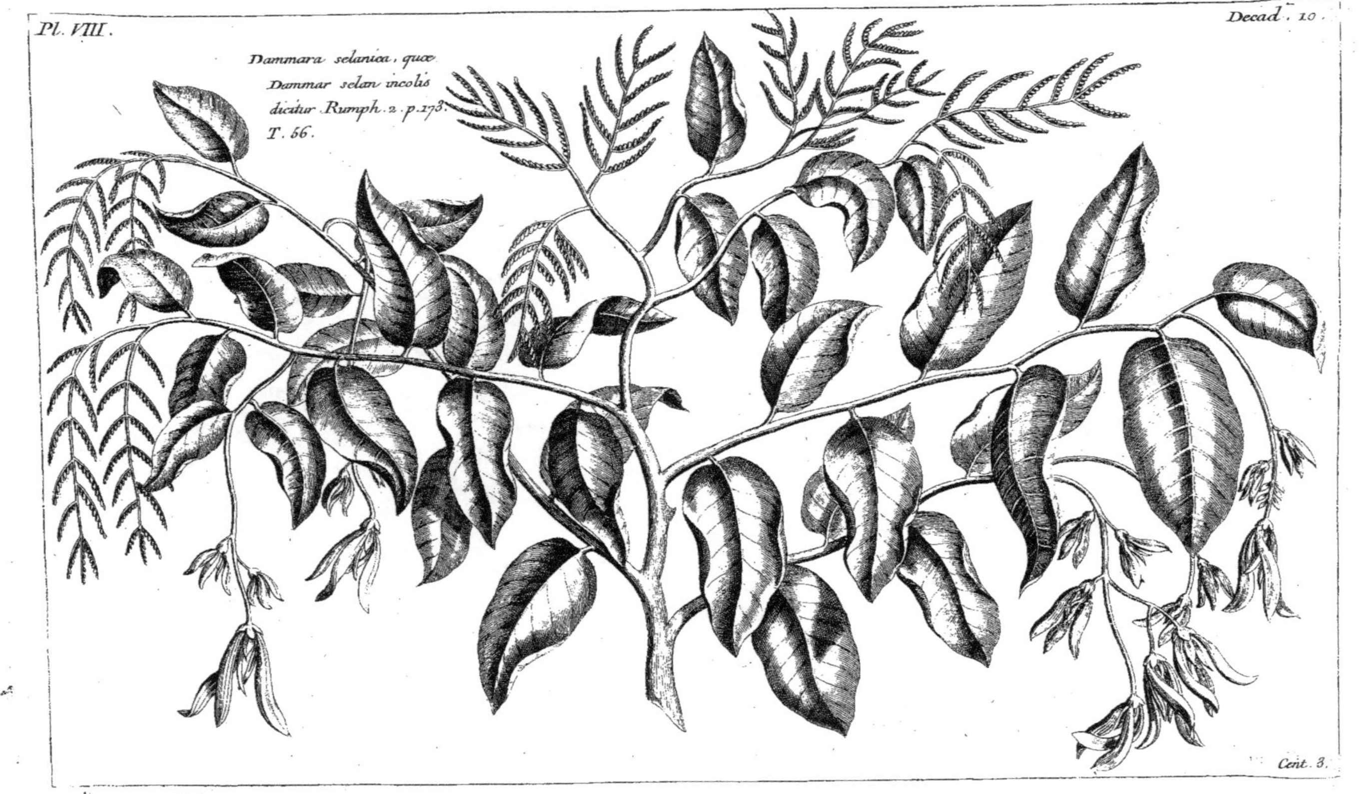
Dammara selanica, quæ
Dammar selan incolis
dicitur Rumph. 2. p. 173.
T. 56.

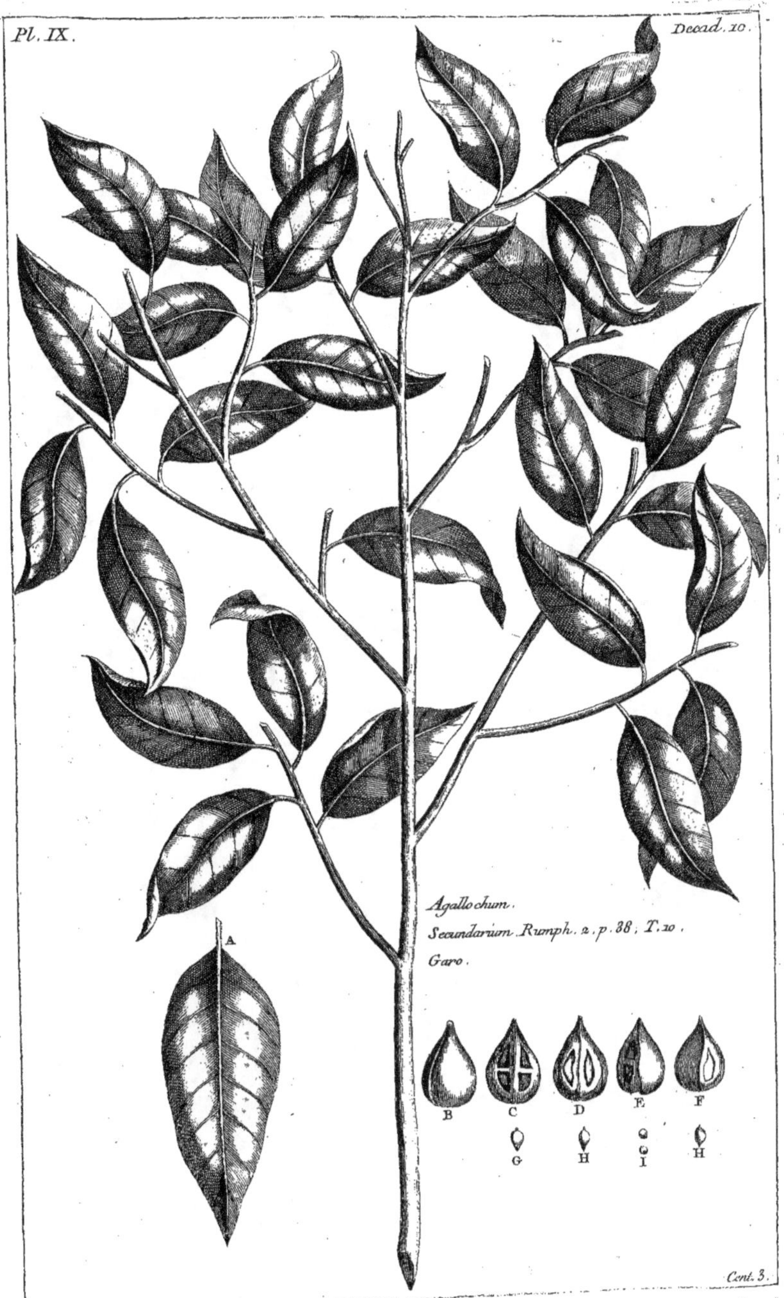

Pl. IX.
Decad. 10.
Agallochum.
Secundarium. Rumph. 2. p. 38. T. 10.
Garo.
A
B
C
D
E
F
G
H
I
H
Cent. 3.

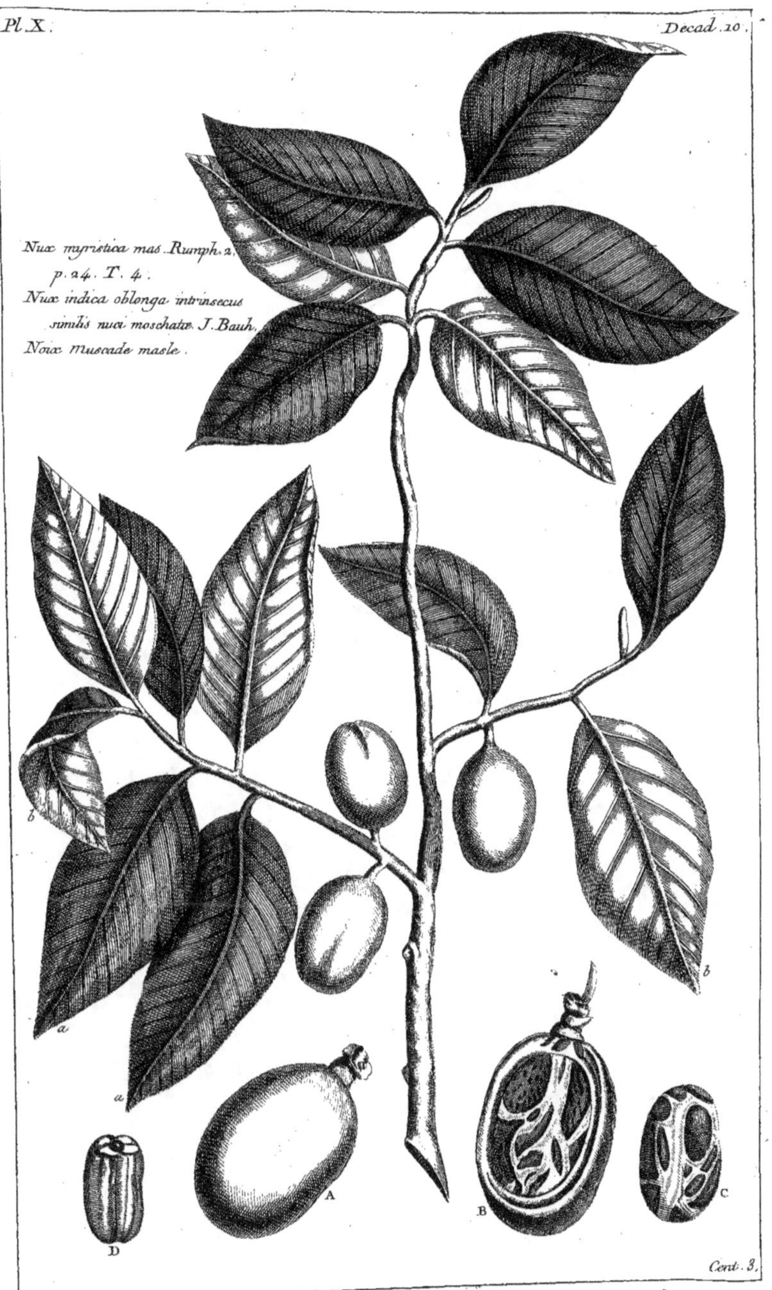
Nux myristica mas. Rumph. 2.
p. 24. T. 4.
Nux indica oblonga intrinsecus
similis nuci moschatæ. J. Bauh.
Noix Muscade masle.
b
a
a
b
D   A   B   C